“十一五”国家科技支撑计划课题“华北村镇住宅抗震技术研究”（2006BAJ04A15）资助

既有居住建筑节能改造

刘月莉　仝贵婵　刘雪玲　编著

中国建筑工业出版社

图书在版编目（CIP）数据

既有居住建筑节能改造/刘月莉，仝贵婵，刘雪玲编著．北京：中国建筑工业出版社，2011.12
ISBN 978-7-112-13793-0

Ⅰ．①既… Ⅱ．①刘… ②仝… ③刘… Ⅲ．①居住建筑-节能-技术改造 Ⅳ．①TU241

中国版本图书馆 CIP 数据核字（2011）第 235856 号

本书内容涵盖从典型示范项目推广到城市级大范围节能改造，可为我国北方地区既有居住建筑节能改造规划提出科学建议。通过唐山、乌鲁木齐等北方地区 4 个城市和北京地区既有农宅建筑节能改造工程示范，总结了北方地区既有居住建筑节能改造技术、政策和管理经验，可为在全国广泛开展既有居住建筑节能改造基础数据的调查提供参考，为全国大规模既有居住建筑节能改造规划提供决策依据。

本书主要内容包括：建筑节能的意义，北方地区既有居住建筑现状，既有居住建筑调查方法，综合改造节能潜力及经济性分析，节能改造技术措施，节能改造案例分析。

本书可为既有居住建筑节能改造工作者提供有益的参考和借鉴，也可供建筑热工、暖通空调技术人员、建筑节能相关工作人员及高校师生参考。

* * *

责任编辑：姚荣华　张文胜
责任设计：董建平
责任校对：肖　剑　陈晶晶

既有居住建筑节能改造
刘月莉　仝贵婵　刘雪玲　编著
*
中国建筑工业出版社出版、发行（北京西郊百万庄）
各地新华书店、建筑书店经销
北京永铮有限责任公司制版
北京云浩印刷有限责任公司印刷
*
开本：787×1092 毫米　1/16　印张：10½　字数：258 千字
2012 年 2 月第一版　2012 年 2 月第一次印刷
定价：**38.00** 元
ISBN 978-7-112-13793-0
（21586）

序

能源、环境和气候变化是当今世界普遍关注的问题。建筑能耗在全社会总能耗中占有相当大的比重，因此各国高度重视建筑节能工作。我国是地域广阔、人口众多、能源相对短缺的发展中国家。随着经济社会的发展，特别是城市化的快速推进和生活水平的提高，建筑能耗的总量和所占比重快速增长，日益接近发达国家建筑能耗水平，建筑节能已刻不容缓。

既有建筑节能改造是我国建筑节能工作的重要方面。我国的既有建筑节能改造是从开展中外合作，学习国外经验，进行工程试点和示范开始的。最早可以追溯到 1993 年，与英国进行建筑节能技术合作，对北京的一栋 3 层砖混结构住宅楼进行节能改造。之后，又与加拿大、法国开展技术合作。2005 年 11 月，中德技术合作项目“中国既有建筑节能改造”开始实施，先后开展技术咨询、技术与标准研究，并在唐山、北京、乌鲁木齐、太原等地开展北方采暖地区既有居住建筑节能改造工程示范，在北方采暖地区进行成果宣传和推广，有力地推动了我国既有建筑节能改造工作。在中央有关部门和地方的共同努力下，至 2010 年底我国北方 15 个省（自治区、直辖市）累计完成节能改造面积 1.82 亿 m^2，超额完成了国务院确定的 1.5 亿 m^2 改造任务，每年可节能 200 万 t 标准煤，减少二氧化碳排放 520 万 t。

既有建筑节能改造工作的初步实践表明，我国既有居住建筑节能改造的潜力很大，节能减排效果明显，在缓解城市供热压力、减轻城市环境污染、拉动当地经济、增加就业岗位等方面具有明显的作用。既有居住建筑节能改造还是关注民生、改善民生的大事。许多老旧居住建筑，围护结构的保温隔热性能和气密性差，供热系统效率低下，不仅浪费能源，冬天还常常达不到采暖的温度要求，甚至出现墙面渗水、结露、霉变等情况。节能改造后，居民生活环境和居住舒适性得到较大改善。既有居住建筑节能改造确实是一项“功在当代，利在千秋”的利国利民的民生工程、民心工程。另据不完全统计，我国 480 多亿 m^2 既有建筑中，北方采暖地区需要和值得改造的既有居住建筑面积约有 35 亿 m^2。如果其全部实现改造，每年可节约 3500 万 t 标准煤，减少二氧化碳排放近 1 亿 t。这对于节能减排、保护生态环境，具有十分重要的意义。

既有居住建筑节能改造，“十一五”开了个好头，“十二五”任务更为繁重。根据国务院有关决定精神，“十二五”时期要扩大改造规模，完成北方既有居住建筑节能改造 4 亿 m^2 以上，完成老旧住宅节能改造任务的 35%，使约 700 万户城镇居民改善采暖及居住条件，力争到 2020 年北方采暖区基本完成老旧住宅节能改造任务 12 亿 m^2。

与新建建筑相比，既有居住建筑节能改造工作有许多特殊性，涉及千家万户，因此特别需要扎扎实实的细致工作，在这方面各地还缺乏相关的经验。总结北方采暖地区既有居住建筑节能改造的做法、技术、政策和管理的经验十分必要。感谢编者和各试点城市参与编写的同志付出的辛勤劳动，希望本书能对在全国广泛开展既有居住建筑节能改造起到应有的促进作用。

韩爱兴

2011 年 10 月 22 日

前　言

建筑节能是国家的节能减排主要领域之一。

我国的既有居住建筑存量大、能耗高，居住建筑节能潜力十分巨大。截至2010年，我国既有建筑面积约480亿m^2，城镇既有建筑达215亿m^2，其中85%以上的建筑不同程度地存在着围护结构保温隔热性能和气密性差、供热空调系统效率低下等问题，为非节能高能耗建筑。

目前既有居住建筑节能改造工作已经大规模地开展起来，因此，对所在地区开展既有居住建筑基本情况调查，全面系统地掌握既有居住建筑节能改造基础数据，通过整理分析，得到适用的节能改造技术方案和所需成本，以及节能减排效果，非常必要。但是，目前多数地区对本辖区内既有居住建筑的存量和现状尚不够清晰，并且对获得这些基础数据的方法也不掌握。

本书作者借中德政府间技术合作项目"中国既有建筑节能改造"的执行以及"十一五"国家科技支撑计划"建筑节能技术标准研究"和"华北村镇住宅抗震技术研究"课题研究，在学习、消化和吸收德国等先进国家有关调研方法的基础上，按照"方法研究+普遍调查+重点实测+可行性综合分析"的技术路线，首先开展了既有采暖居住建筑能耗调查、检测和评估方法及节能改造可行性综合评判的方法研究。研究表明，利用建立的方法，通过建筑物基本情况普查、统计归类以及典型建筑的重点调查，较为客观地掌握所调查区域内既有居住建筑的使用和能耗现状，进而通过节能综合改造可行性分析，以点带面，从典型示范项目推广到城市级大范围节能改造，可为我国北方地区既有居住建筑节能改造规划提出科学建议。通过唐山、乌鲁木齐等北方地区4个城市和北京地区既有农宅建筑节能改造工程示范工作，总结出北方地区既有居住建筑节能改造技术、政策和管理的经验，以便为在全国广泛开展既有居住建筑节能改造基础数据的调查提供参考，为全国大规模既有居住建筑节能改造规划提供决策依据。

希望通过本书，为广大既有居住建筑节能改造工作者提供有益的参考和借鉴。

在本书编写过程中，中国建筑科学研究院董宏、丁子虎、孙立新和北京市可持续发展促进会赵岩（负责第七章编写）等同志高度负责，在选拟条目、撰写内容等方面付出了辛勤的劳动，为本书作了精心的文字加工；潘振、祖雅君和党蓓等同志在基本情况调查工作中获取了大量的基础数据，为本书提供了宝贵的第一手资料。参与编写、提供素材的还有乌鲁木齐市住房和城乡建设委员会彭小燕、唐山市节能墙改办赵冰、天津市塘沽区建设工程交易中心孙玉然、鹤壁市建设局马宇驰、北京市建筑节能与建筑材料管理办公室田桂清以及北京市可持续发展促进会叶建东等同志，这里一并表示衷心的感谢。

因为编写时间仓促，编者水平有限，书中可能存在诸多不足，希望广大读者提出宝贵意见。

编者

2011 年 5 月 26 日

目　　录

第三篇 节能改造案例分析

第一篇

既有建筑节能改造势在必行

第一章　建筑节能意义重大

1.1　中国建筑节能的形势

我国是一个发展中国家。改革开放以来，经济快速增长，各项建设取得巨大成就，但也付出了巨大的资源和环境代价，经济发展与资源环境的矛盾日趋尖锐，能源短缺已成为我国经济持续快速增长的瓶颈之一，群众对环境污染问题反应强烈。我国化石能源资源中90%以上是煤炭，人均煤炭储量为世界人均水平的1/2，人均石油储量为世界人均水平的11%，人均天然气储量仅为世界人均水平的4.5%，能源相对贫乏。而煤炭消耗量却占世界总量的40%，石油消费量仅次于美国，位居世界第二，对海外能源的依赖程度达50%以上。同时，能源利用效率较低，据统计我国的能源利用率只有约32%，比国外先进水平低十多个百分点，平均每万元GDP能源消耗比发达国家多3～11倍。目前，能源的紧张形势在我国已十分严峻。

我国的建筑节能工作始于1986年颁布的《民用建筑节能设计标准（采暖居住建筑部分)》，节能目标是30%；1996年将这一节能目标提高到50%；2000年《建筑节能管理办法》颁布；2002年夏热冬冷地区（过渡地区）的建筑节能设计标准出台；2004年夏热冬暖地区（南方地区）的建筑节能设计标准颁布。《中共中央关于制定国民经济和社会发展第十一个五年规划的建议》中提出要“建设资源节约型、环境友好型社会”，“加快企业节能降耗的技术改造”，“发展节能省地型建筑，形成健康文明、节约资源的消费模式”，把节约能源作为基本国策，促进经济发展与人口、资源、环境相协调。我国制定了《中华人民共和国节约能源法》，以法律的形式来贯彻执行节约能源、保护环境的国策，落实可持续发展战略。国家发改委于2004年11月颁布了《中长期节能专项规划》，其中计划要对大中型城市中25%的既有建筑进行节能改造，建筑节能包括既有建筑节能改造被列为十个主要重点节能项目之一。2008年我国启动的十大重点节能工程中，预计“十一五”期间节省的2.4亿t标准煤中，建筑节能占1亿t，约占45%。可以说建筑能耗的节约已经成为最大的节能项目，抓好了建筑节能，也就抓住了节能工作的关键环节。尤其在当前贯彻落实科学发展观、大力推进节能减排的形势下，建筑节能更具有其现实紧迫性与重要的战略意义。

2008年，在新颁布的《节约能源法》的基础上，国务院又颁布了《民用建筑节能条例》和《公共机构节能条例》，并于当年10月1日开始实施。建筑节能相关制度正在建立起来，包括已经发布和正在试点的建筑能效测评标识制度、建筑节能信息公示制度、建筑能源审计制度、集中供热计量收费制度和建筑能耗统计制度等。另一方面，中央财政加大了资金拨付力度，在可再生能源利用、推动国家机关办公建筑和大型公共建筑运行管理及节能改造和推进北方采暖地区既有居住建筑供热计量及节能改造三个方面给予大力支持，有力推动了我国建筑节能健康发展。近年来，随着建筑节能工作的开展和宣传力度的加大，节能建筑已经为大多数人所了解，各省区市围绕节能设计标准相继提出本地区的节能规范，节能建筑发展迅速。

1.2 居住建筑节能潜力巨大

当前，我国能耗主要集中在工业、交通和建筑三大领域。近阶段，我国建筑能耗还将处于快速上升阶段。一方面由于新建建筑数量快速增加，即使新建建筑全面执行现行节能标准，还会增加建筑总能耗；另一方面，随着我国经济水平的提高，人们对室内生活舒适度要求不断提高，对能耗的需要将持续增加。在国家大力提倡节能减排的大环境下，住房和城乡建设部提出在新建建筑节能、既有建筑节能和可再生能源在建筑中应用三个方面大力实施节能工作。

在建筑领域三方面节能减排工作中，既有建筑的存量最大，能耗也最高，因此做好既有建筑节能工作，将直接影响建筑领域的节能减排工作。我国建筑能耗的总量逐年上升，在能源总消费量中所占的比例已从20世纪70年代末的10%，上升到近年的30%左右，而且以每年1个百分点的速度增加。同时，建筑能源利用效率很低，单位建筑能耗比同等气候条件下发达国家高出2~3倍（而中国主要工业产品能耗与发达国家的差距一般只有10%~30%）。在20世纪70年代石油危机后，欧洲、美洲和日本等发达国家就开始了既有建筑的节能改造工作，并取得了显著的效果。

在我国现有近480亿m^2的既有建筑中，85%以上是高能耗建筑，其中城镇既有建筑总面积约为215亿m^2[1]。这些建筑普遍存在围护结构保温隔热性能和气密性差、暖通空调系统效率低下等问题，能源浪费严重。据预测，到2020年，我国城乡还将新增建筑面积200亿m^2。随着居民生活水平的提高，建筑用能快速增长，预计在能源总消费量中所占的比例将增加到总能耗的40%左右，如果加上原材料的运输和损耗等，可能有50%的能源消耗在建筑上，成为最主要的用能领域。仅以建筑供暖为例，北京市在执行建筑节能设计标准前，一个采暖期的平均能耗为30.1W/m^2，执行节能50%的标准后，一个采暖期的平均能耗为20.6W/m^2，而相同气候条件的瑞典、丹麦、芬兰等国家一个采暖期的平均能耗仅为11.0W/m^2。因建筑能耗高，仅北方采暖地区每年就多耗标准煤1800万t，直接经济损失近70亿元。因此，在我国实施既有建筑节能改造是实现减缓建筑能耗快速增长，实现建筑能耗减量的必经途径之一，而且可以提高居住的舒适性，改善住户的居住条件和环境，有利于构建和谐社会。建筑节能作为贯彻可持续发展战略的一个重要方面，已经刻不容缓。

据测算，如果国家从现在起对新建建筑全面强制实施建筑节能设计标准，并对既有建筑有步骤地推行节能改造，到2020年，我国建筑能耗可减少3.35亿t标准煤，空调高峰负荷可减少约8000万kWh（相当于4.5个三峡电站的满负荷出力，减少电力建设投资约6000亿元），能源紧张状况和污染压力必将大为缓解。但如果错过当前这一大好机遇，不采取坚决有效的措施，则将大大加重国家能源负担，严重制约我国经济社会的可持续发展，对能源安全和大气环境造成重大威胁。严峻的现实表明，国家要持续发展，必须加大建筑节能的工作力度，完善相应的法律法规规章制度，以有效的措施坚决实施。

参考文献

[1] 清华大学建筑节能研究中心．中国建筑节能年度发展研究报告 2011. 北京：中国建筑工业出版社，2011.

第二章　北方地区既有居住建筑现状

2.1　概述

作为中德技术合作项目“中国既有建筑节能改造”的执行以及“十一五”国家科技支撑计划“建筑节能技术标准研究”课题研究内容，我们在学习、吸收和消化德国有关调研方法的基础上，按照“方法研究 + 普遍调查 + 重点实测 + 可行性综合分析”的技术路线，针对采暖能耗严重的严寒和寒冷地区既有居住建筑开展了既有采暖居住建筑现状及能耗调查。通过唐山、乌鲁木齐等 4 个示范城市既有居住建筑节能改造示范工作，了解北方地区既有居住建筑的存量、使用情况和能耗现状，并总结该区域既有居住建筑节能改造技术、政策和管理的经验，以便为在全国广泛开展既有居住建筑节能改造基础数据的调查提供参考，为全国大规模既有居住建筑节能改造规划提供决策依据。

作为摸清“家底”的工作，牵涉面广、工作量大，是一项繁琐而细致的系统工程。选择乌鲁木齐、唐山、天津和鹤壁 4 个城市作为不同气候区的代表，开展了既有居住建筑基本情况调查的普查及重点调查。通过普查，查清辖区内居住建筑物的建设年代、数量、建筑面积、结构形式、围护结构构造和供热采暖现状等基本信息，经过对基础数据的整理、汇总归类，完成北方地区既有居住建筑的分类；通过选定典型建筑物的重点调查工作，形成系统、准确的既有居住建筑节能改造基础数据库。

普查工作针对乌鲁木齐、唐山、天津和鹤壁 4 个城市的 8 个城区 1① 内既有居住建筑物的基本情况展开，共涉及住户约 100 万户，调查总面积 6750 万 m^2，近 2 万栋既有居住建筑物。收集包括建筑物尺寸、形状、面积、建设年代、权属等信息，获取所调查区域内居住建筑的存量、分布和使用状况等基本情况。普查主要内容包括：建筑物名称、所在区位和竣工日期；建筑物使用性质；结构类型；外围护墙体材料；建筑物节能状况；供热和采暖方式；楼层数、单元数和总套数；建筑面积及建筑物形状；阳台及其外观情况。

在对普查基础调查数据完成分类汇总后，每个建筑类型中选取具有代表性的建筑物，进行调查评价、保温性能和气密性等测试，通过调查结果将典型建筑物的热工性能数据反映到整个类型的建筑中，从而达到推算全区域建筑能耗等数据的目的。四城市共选择 26 栋典型建筑物进一步进行重点调查，典型建筑的建设年代集中在 1980 ~ 1999 年间，面积合计约为 10 万 m^2，4 层以上砖混结构建筑数量最多。重点调查分为一般性调查和围护结构热工性能测试。一般性调查包括建筑物周边环境、建筑物外部和内部现状以及燃气供应、供水和供电

---

① 8 个城区包括：乌鲁木齐市天山区、沙依巴克区、水磨沟区、新市区 4 个主城区，唐山市路北区、路南区 2 个中心城区，天津市塘沽区，鹤壁市老城区。

系统管道等内容。围护结构热工性能测试包括建筑围护结构的主体部位传热系数和热工缺陷以及建筑物气密性检测等内容。同时,还进行了各类型建筑能耗水平的推算。

2.2 普查结果

4个城市根据确定的工作方法及各自的调查范围开展大规模普查，获得了包括建筑物使用性质、建筑物名称、所在区位、竣工日期、建筑面积、建筑物形状、结构类型、楼层数、单元数、总套数、外围护墙体材料、建筑物节能状况、供热采暖方式以及阳台状况等基本信息。利用具有动态功能的基本情况调查系统数据平台，统计汇总调查结果，然后根据建设年代和建筑类型进行归类，得到所调查区域内既有居住建筑的存量、分布和使用现状。由于我国基本建设的特点所决定，北方城市中20世纪80年代以前的居住建筑物以1~3层和多层砖混结构为主，1990年以后陆续采用了框架结构和剪力墙结构。因此，根据建筑物的结构类型、建设年代、建筑物楼层数和外围护墙体材料的不同，进行居住建筑类型分类。目前，北方地区城市居住建筑基本分为8个主要类型。

在对基础调查数据完成分类汇总后，每个建筑类型中选取具有代表性的建筑物，进行调查评价、保温性能和气密性等测试，通过调查结果将典型建筑物的热工性能数据反映到整个类型的建筑中，从而达到推算全区域建筑能耗数据的目的。

2.2.1 建筑分类

汇总了4个城市的普查结果，根据建筑物结构形式和建筑层数，将北方地区既有居住建筑划分为8种类型，见表2-1[1]。

北方地区既有居住建筑分类 **表2-1**

建筑分类	建筑结构类型
类型 1	≤3层砌体（砖混）结构
类型 2	4层以上的砌体（砖混）结构
类型 3	预制混凝土板（内浇外挂）
类型 4	内浇外砌
类型 5	框架结构（空心砖填充）
类型 6	框架结构（加气混凝土砌块填充）
类型 7	框架结构（轻质混凝土填充）
类型 8	现浇混凝土剪力墙结构

2.2.2 统计分析

1. 按照建设年代统计

按照建设年代统计和进行汇总，4个城市既有居住建筑普查结果见表2-2、图2-1和图2-2。

4 个城市按建设年代统计结果汇总　　**表 2-2**

建设年代	楼栋数量（栋）	住宅户数（套）	建筑面积（万 m^2）
1980 年之前	1255	32.3×10^3	245.1
1981～1990 年	6626	650.3×10^3	1584.0
1991～2000 年	9874	492.4×10^3	5322.9
2001 年以后	4908	245.6×10^3	3918.2
合　计	22663	1420.6×10^3	11070.2

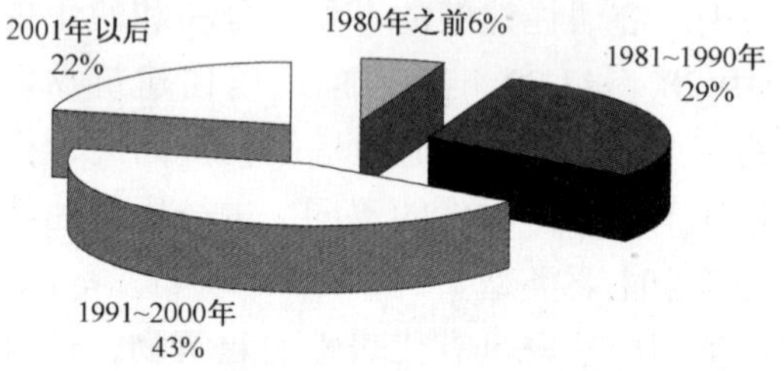

图 2-1　不同年代建设的建筑物数量所占比例

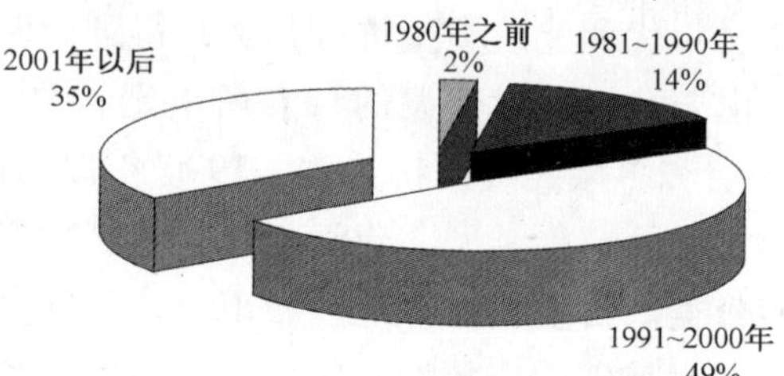

图 2-2　不同年代建设的建筑物面积所占比例

从图 2-1 中可以看出，在 4 个城市统计的既有居住建筑物中，以 10 年为一个阶段按建设年代划分，被调查区域内建造于 1991～2000 年期间的既有居住建筑物比例最大，约为 43%；建造于 1981～1990 年的次之，约为 29%；2001 年以后建造和 1980 年以前建造的分别约为 22% 和 6%。

2. 按照标准实施阶段统计

按照建筑节能设计标准实施的不同阶段进行统计，可将调查的建筑分为三类，即为 1986 年前建造的、1987～1995 年建造的、1996 年后建造的。4 个城市普查的各类建筑物存量、面积和所占比例统计结果分别见图 2-3 和图 2-4。

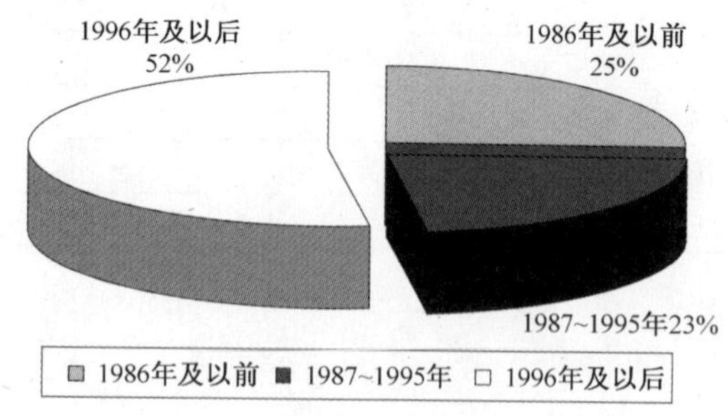

图 2-3　建筑节能设计标准实施的不同阶段建筑物数量所占比例

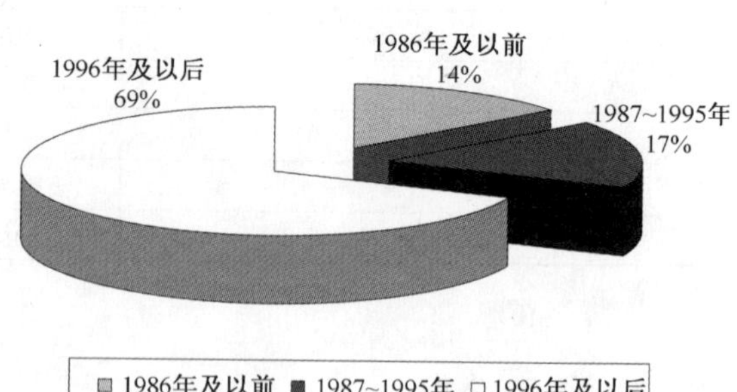

图 2-4　建筑节能设计标准实施的不同阶段建筑面积所占比例

从图 2-4 中可以看出，按照建筑节能设计标准实施的不同阶段进行统计，在被调查区域内的既有居住建筑中，在我国制定建筑节能设计标准前建成的建筑物面积的比例约为 14%；执行建筑节能 30% 标准期间建成的建筑物面积的比例约为 17%；执行建筑节能 50% 标准后的建筑物面积比例约为 69%。

3. 按照建筑类型统计

根据 4 个城市提供的调查数据，按照表 2-1 中确定的建筑类型进行分类汇总，既有居住建筑分类普查结果见表 2-3 和图 2-5。

4 个城市按建筑类型统计结果汇总　　表 2-3

建筑结构类型	已统计的建筑面积总和（万 m^2）	各类型建筑所占比例
≤3 层 砌体（砖混）结构	593.03	5.36%
4 层以上的砌体（砖混）结构	7347.07	66.37%
预制混凝土板（内浇外挂）	111.95	1.01%
内浇外砌	5.52	0.05%
框架结构（空心砖填充）	0.22	0.00%
框架结构（加气混凝土砌块填充）	2013.22	18.19%
框架结构（轻质混凝土填充）	120.40	1.09%
现浇混凝土剪力墙结构	879.52	7.94%
合　计	11070.93	100.0%

从图 2-5 中可以看出，总建筑面积 11070.93 万 m^2 的既有居住建筑中，4 层以上的砖混砌体结构建筑面积最多，占所有存量建筑的 67%；其次为框架结构（加气混凝土填充）建筑，占第三位的是现浇混凝土剪力墙结构，它们所占的比例分别为 18% 和 8%。

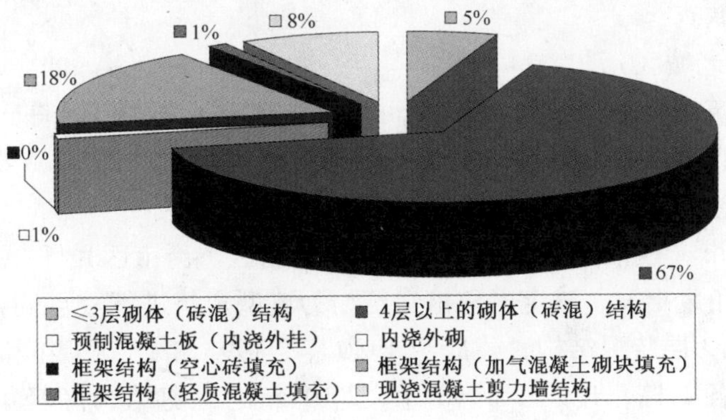

图 2-5　不同类型建筑的面积所占比例

2.3 重点调查结果

重点调查的步骤是：首先，根据普遍性和代表性原则，确定每种类型建筑的典型建筑；其次，是进行建筑与设备现状调查；第三，是建筑热工性能测试；最后，通过调查结果计算各类建筑的能耗水平，进而确定既有建筑节能改造方案，进一步推算该地区既有建筑能耗状况和节能减排效益，以指导所调查地区既有居住建筑节能改造规划。本次调查中，4 个城市共选择 26 栋典型建筑物进行重点调查。

2.3.1 选取典型建筑

典型建筑的选取是一项非常重要的工作，选取是在普查的基础上进行更为详细的调查。根据普查数据和分类统计资料，确定各城市既有居住建筑的类型。然后，从各类建筑中选取典型建筑物进行重点调查。

在对 4 个城市普查数据完成分类汇总后选取典型建筑，其原则是应具有普遍性和代表性，每种类型建筑调查样本不宜少于 3 个。

1. 典型建筑选取情况

经 4 个城市详细的现状调查评估、保温性能和气密性测试，确定了具有代表性的典型建筑物共 26 栋。典型建筑选取情况如下。

（1）唐山市（路北区、路南区）

在 2001 年以前的 4282 栋不节能既有居住建筑中，选择内浇外挂、砖混、内浇外砌、框架结构 4 种类型，每种类型为 1980 ~ 1990 年、1991 ~ 2000 年间的建筑各一栋，共选取 8 栋建筑物进行重点调查。

（2）天津市（塘沽区）

根据塘沽区既有居住建筑的实际情况，按照建筑结构类型及建设年代，经筛选确定了 6 栋建筑物［分别为 1965 年建成的 3 层、1984 年、1989 年、1996 年和 2002 年建成的 4 层以上砖混结构建筑，以及 1989 年建成的 13 层框架结构（加气混凝土砌块填充）建筑为典型建筑物进行重点调查］。

（3）鹤壁市（老城区）

鹤壁市按照建筑结构类型及建设年代，经筛选确定了老城区 5 栋建筑物（1980 年以前、1981 ~ 1990 年间建成的居住建筑）为典型建筑物进行重点调查。5 栋建筑物中 1 栋为 3 层砖混结构，其余 4 栋为 4 层以上砖混结构。

（4）乌鲁木齐市（沙依巴克区、天山区、水磨沟区、新市区）

从建造年代的角度出发，确定了 7 栋建筑物为典型建筑进行重点调查。其中，包括建成于 1982 年的 1 栋 3 层砖混结构，建成于 1980 年、1993 年、2001 年和 2003 年的 4 层以上砖混结构建筑物各 1 栋，建成于 1993 年、2001 年的框剪结构（轻集料混凝土砌块填充）的居住建筑作为典型建筑物进行重点调查。

2. 典型建筑总体情况

典型建筑的建筑结构类型及其数量分别见表 2-4、图 2-6 ~ 图 2-8。

4 个城市典型建筑物构成统计表　　**表 2-4**

建筑结构类型	典型建筑物数量（栋）	各类建筑数量所占比例（%）	典型建筑物面积总和（万 m^2）	各类建筑面积所占比例（%）
≤3 层砌体（砖混）结构	4	15.38	2.5	20.59
4 层以上的砌体（砖混）结构	14	53.84	5.1	42.24
预制混凝土板（内浇外挂）	3	11.54	0.9	7.47
内浇外砌	1	3.85	0.3	2.13
框架结构（空心砖填充）	0	0	0	0
框架结构（加气混凝土砌块填充）	3	11.54	3.0	24.22
框架结构（轻质混凝土填充）	1	3.85	0.4	3.35
现浇混凝土剪力墙结构	0	0	0	0
合　计	26	100	12.2	100

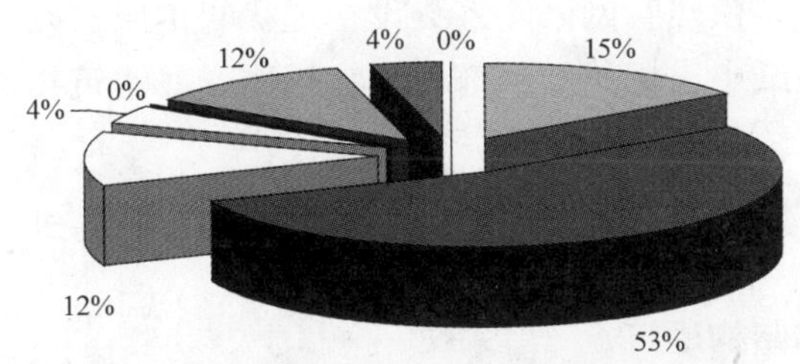

图 2-6　不同类型典型建筑物数量所占比例

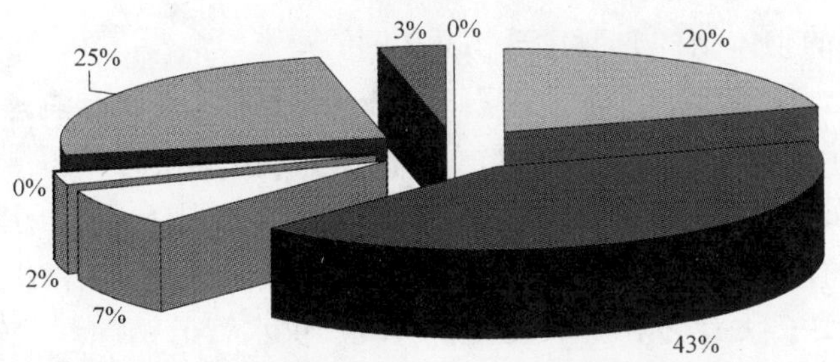

图 2-7　不同类型典型建筑物的面积所占比例

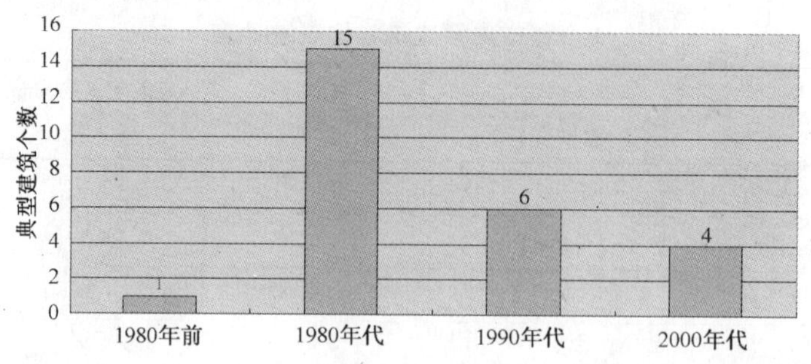

图2-8 典型建筑物建设年代分布

2.3.2 建筑与设备现状

采用“查阅、询问、拍照、测量、目测”的方式，进行建筑与设备现状调查。通过查阅建筑、结构和设备专业图纸，了解建筑物各类户型平面布局、各部位细部做法和供热采暖系统方式；采用询问住户的方式，了解房间居住的热舒适状况和有无结露现象；使用照相机进行建筑物相应部位和供热管网采暖系统设备现状的拍照，以备提出具体改造的技术措施；现场测量以获取图纸中未标示的细部尺寸；目测观察建筑物室内、外需要重点改造的部位，加以记录描述。

通过对典型建筑围护结构和设备系统现状的详查，可概括总结各类型建筑 1① 的特征如下。

1. 3层及3层以下的砌体结构建筑

层数为3层及3层以下的砌体结构典型建筑物共4栋。

外墙为清水砖墙或抹灰墙面，部分建筑墙体有剥落现象；外窗多已由木窗（个别建筑物为实腹钢窗）更换为PVC塑料窗；屋面保温层主要为炉渣保温层；阳台为封闭阳台；楼梯间无门斗，无单元门；供热主要为集中供暖，无计量装置；个别建筑图纸缺失。

2. 4层以上的砌体结构建筑

层数为4层以上的砌体结构典型建筑物共14栋。

外墙为清水砖墙、抹灰墙面以及干粘石墙面，部分建筑墙体有剥落或结露发霉现象；外窗多为PVC塑料窗，个别建筑为实腹钢窗或木窗（部分更换为PVC塑料窗）；屋面多采用炉渣保温，个别建筑为坡屋面，部分建筑物有渗水现象；阳台以封闭阳台为主，多数楼梯间无单元门，少数有单层弹簧木门或自闭式防盗门；供热主要为集中供暖，极少数建筑物采用地热辐射采暖，多无计量和调节装置；采暖、供水管道锈蚀现象较为突出；部分建筑图纸缺失。

3. 预制混凝土板结构建筑

预制混凝土板结构建筑典型建筑物共3栋。

① 框架结构（空心砖填充）和现浇混凝土剪力墙结构两类建筑的样本为0个，内浇外砌结构建筑和框架结构轻质混凝土填充建筑两类建筑的样本为1个，此两项调查样本少于3个。

外墙保温性能差，且多有渗水透风现象；屋面保温层主要为炉渣保温层，少数建筑物有渗水现象；外窗为实腹钢窗；楼梯间无单元门；个别建筑内墙有裂缝；供热主要为集中供暖，无计量和调节装置；采暖、供水管道锈蚀现象较为突出。

4. 内浇外砌结构建筑

内浇外砌结构建筑典型建筑物仅1栋。

围护结构保温性能较差，外墙侵蚀、内墙脱落及发霉现象比较突出；集中供暖，采暖系统无计量和调节装置；采暖、供水管道锈蚀现象较为严重。

5. 框架结构加气混凝土填充建筑

框架结构加气混凝土填充典型建筑物共3栋。

部分墙体有裂纹；屋面保温层主要为炉渣保温层；外窗多为PVC塑料窗；阳台以封闭阳台为主；楼梯间无门斗、部分无单元门，少数有自闭式防盗门；部分建筑地下室顶板无保温且防水较差。

6. 框架结构轻质混凝土填充建筑

框架结构轻质混凝土填充典型建筑物仅1栋。

墙体填充材料保温性能差，外墙抹灰脱落较多，但墙体表面没有出现大的裂纹；屋面保温性能较差，防水层部分功能缺失，导致顶层漏水或者返潮；原设计外窗为空腹钢窗，经过更换后，增加了铝合金窗和PVC塑料窗，以推拉窗为主，气密性较差；楼梯间隔墙保温性能较差；楼宇入口无单元门；集中供热，采暖系统为单管串联上供下回，无计量设施；上、下水系统管道锈蚀。

2.3.3 总体建筑性能评价

根据重点调查结果可知，由于建造年代不同，各类建筑的围护结构、采暖系统构成、建筑物的舒适性、安全性和实用性也不同，但是，建筑总体性能可归纳如下。

（1）相当部分建筑围护结构保温性能和气密性均较差，特别是预制混凝土板结构建筑物尤为突出。部分建筑物外墙出现侵蚀剥落现象；少数建筑物因外墙保温性能不佳，导致内壁面结露、发霉。外窗大部分为PVC塑料窗，少部分为气密性能较差的木窗或钢窗。楼梯间基本无门斗、单元门，冷风渗透严重；楼梯间隔墙保温性能较差。部分建筑物屋面为炉渣保温，热工性能较差，少数屋面有渗水现象，地下室的防水较差。

（2）典型建筑的主体结构安全性均较好。但是，由于使用年代较久，或因用户自行封闭改造，导致一些建筑物的阳台栏板有裂纹或部分脱落。

（3）各类型建筑的主要功能基本齐全，尚能满足建筑物的使用性要求，具有改造价值。

（4）26栋典型建筑物以集中采暖为主（约占77%），其中，热源为城市热力的占集中供热的54%。采暖系统管道无保温，且锈蚀状况较为突出，采暖基本无计量设施，也无调节装置。

（5）住户调查表明，大部分建筑物在舒适性方面均存在不同的缺陷。主要体现为建筑围护结构保温性能差，一些建筑物冬季室内温度远不能满足舒适度要求。

2.3.4　建筑热工性能

将4个城市不同系列典型建筑的围护结构传热系数进行统计，统计结果见表2-5和表2-6。

4个城市不同类型典型建筑的热工性能统计表1　　**表2-5**

围护结构部位	≤3层砌体结构（砖混）		4层以上砌体（砖混）结构		预制混凝土板（内浇外挂）	
	传热系数[W/(m²·K)]		传热系数[W/(m²·K)]		传热系数[W/(m²·K)]	
	最小值	最大值	最小值	最大值	最小值	最大值
外　　墙	1.3	1.86	0.9	1.59	2.04	2.04
住户外窗	1.48	5.6	1.48	6.4	3.5	3.5
楼梯间外窗	1.48	5.4	1.48	6.4	5.8	5.8
单 元 门	2.35	2.35	2.35	4.29	—	—
屋　　面	1.02	1.69	0.75	3.05	1.69	1.69
地下室顶板/建筑底板	0.31	4.08	0.31	4	0.78	0.78
阳台外墙	3.56	4.76	1.4	4.76	3.89	3.89
顶层阳台屋面	0.9	4.65	0.75	4.65	4.65	4.65
底层阳台底板	3.51	4.57	0.78	4.65	3.51	3.51

从表中可以看出，1980年前后建造的预制混凝土板结构建筑的墙体传热系数最大，为2.04 [W/(m²·K)]，屋面传热系数高达3.05 [W/(m²·K)]，围护结构保温性能较差，导致冬季采暖能耗高，且室内温度达不到舒适要求，严重的甚至出现建筑外墙内部表面结露发霉。

4个城市不同类型典型建筑的热工性能统计表2　　**表2-6**

围护结构部位	内浇外砌		框架结构（加气混凝土砌块填充）		框架结构（轻质混凝土填充）	
	传热系数[W/(m²·K)]		传热系数[W/(m²·K)]		传热系数[W/(m²·K)]	
	最小值	最大值	最小值	最大值	最小值	最大值
外　　墙	1.46	1.46	1.39	1.82	1.57	1.57
住户外窗	5.5	5.5	1.48	4.7	3.5	3.5
楼梯间外窗	5.8	5.8	1.48	4.7	5.4	5.4
单　元　门	—	—	2.35	2.63	—	—
屋　　面	1.69	1.69	0.48	1.24	1.69	1.69

续表

围护结构部位	内浇外砌		框架结构（加气混凝土砌块填充）		框架结构（轻质混凝土填充）	
	传热系数[W/(m² · K)]		传热系数[W/(m² · K)]		传热系数[W/(m² · K)]	
	最小值	最大值	最小值	最大值	最小值	最大值
地下室顶板/建筑底板	4.08	4.08	0.78	3.24	0.78	0.78
阳台外墙	1.9	1.9	0.52	4.76	3.89	3.89
顶层阳台屋面	4.65	4.65	0.48	3.4	4.65	4.65
底层阳台底板	3.51	3.51	3.87	4.57	3.51	3.51

2.3.5 建筑能耗现状

采用典型建筑物的保温性能和气密性测试结果，分别根据建筑物所在地区（乌鲁木齐、唐山、天津和鹤壁）的气候条件，依据行业标准《民用建筑节能设计标准（采暖居住建筑部分）》JGJ26-95（以下简称《节能设计标准-95》）中相关规定，进行建筑能耗计算。进而掌握各类型建筑的采暖耗能平均水平，为建筑节能改造的设计提供依据。北方地区不同类型建筑单位面积能耗量和单位 HDD 单位面积能耗量见表 2-7。

不同类型建筑能耗水平统计表 表 2-7

统计分类	单位面积能耗量（kWh/m²）	单位 HDD 单位面积能耗量（kWh/m² · HDD）
≤3 层 砌体（砖混）结构	196.5	73.7
>3 层 砌体（砖混）结构	155.9	60.3
预制混凝土板结构（内浇外挂）	222.1	83.7
内浇外砌	188.6	71.1
框架结构（加气混凝土砌块填充）	139.9	39.1
框架结构（轻质混凝土填充）	206.7	77.90
备　注		

统计结果显示，由于建筑围护结构热工性能达不到《节能设计标准-95》要求，导致各类型建筑采暖能耗均远高于标准规定值。因为外墙保温性能不佳和木窗（或钢窗）的气密性差，预制混凝土板结构类建筑采暖能耗最高。

2.4 总结

重点调查结果表明，北方地区既有居住建筑普遍存在的问题是：建筑围护结构保温性能较差，多数建筑物外墙外表面呈现侵蚀剥落现象，少数建筑物壁面结露、发霉；有部分外窗传热系数大、气密性差，通过外窗散热损失严重，楼梯间无单元门、冷风渗透严重；集中采暖管道无保温，且锈蚀比较严重，采暖系统无计量设施和调节装置。由于上述原因，导致建筑采暖能耗高，无法满足建筑节能要求，急需进行改造。另外，一些建筑物冬季室内温度过低，远不能满足居住者的舒适度要求。

实施既有建筑节能改造是减缓建筑能耗快速增长，实现节能减排的重要途径。既有居住建筑节能改造在节约能源的同时，提高室内的舒适度，改善居民的生活条件和环境，有利于构建和谐社会，既有居住建筑综合节能改造已经刻不容缓。

调查结果也显示，所调查的北方地区各类型建筑的主要功能基本齐全，尚能满足建筑物的使用性要求，更重要的是建筑物主体结构安全性均较好，具备实施节能改造的价值。

参考文献

[1] 中德技术合作“中国既有建筑节能改造”项目成果国汇编．既有居住建筑基本情况调查方法，2010.

第二篇

调查方法与改造技术

第三章　既有居住建筑调查方法

3.1　概述

3.1.1　工作内容

既有居住建筑基本情况调查作为摸清“家底”的工作，牵涉面广、工作量大，是一项繁琐而细致的系统工程。既有居住建筑基本情况调查旨在利用点面结合、现场检查和测试以及数据分析相结合的方法，客观了解各城市既有建筑物的存量、现状、使用情况和建筑能耗水平，收集综合改造基础数据，形成相应地区既有建筑的数据库，为挖掘建筑节能潜力提供有力的数据支持。

在此基础上，通过对重点建筑的详细调查，从建设年代、建筑类型等方面进行多角度透视和深度挖掘，确定适用于该地区气候特点及经济发展状况的建筑节能技术措施，预测不同改造方案的节能减排效益，通过计算节能减排潜力，估算投资费用，最终总结出适用的建筑节能技术措施和政策建议，为政府制定整个城市的既有建筑节能综合改造规划提供技术支撑，为城市大规模既有居住建筑节能改造规划提供决策科学依据。

基本情况调查工作内容包括：

（1）建筑物基本情况普查和统计分类；

（2）各类典型建筑物的选取和重点调查；

（3）建立城市建筑物基本情况调查数据库；

（4）制定各类型建筑节能综合改造方案；

（5）各类建筑改造节能量和改造费用分析；

（6）各城市节能改造减排效益及节能改造费用推算；

（7）调查基础数据费效比分析；

（8）提出各城市节能改造规划建议；

（9）编写既有居住建筑物基本情况调查总结报告。

3.1.2　工作思路

通过学习、吸收和消化德国有关调研方法和既有居住建筑节能改造经验，基于“存量建筑的普查＋汇总归类＋典型建筑重点调查＋节能潜力、改造费用的经济性和减排效果分析”的模式，点面结合、现场检查和测试以及数值计算分析多种方法结合，首先通过对既有居住建筑展开全面的普查，根据建筑物层数、结构类型、建设年代等进行分类，然后从各类型建筑中选取典型建筑进行重点调查，进一步了解各类建筑的详细情况（能耗状况、改造方案、改造费用、节能减排效果）等，最后形成系统、准确的既有居住建筑节能改造基础数据库。

图 3-1 基本情况调查工作思路

在此基础上，通过优化设计，确定适用的节能改造技术方案，计算节能量、所需费用及节能减排效果。最后结合城市经济发展状况，推算全市既有建筑节能综合改造的节能减排效果和改造所需费用，为城市大规模既有居住建筑节能改造提供决策技术依据。调查工作基本思路见图 3-1①。

3.2 普查

对既有居住建筑基本情况进行调查，首先要选定中国既有建筑节能改造试点示范城市，然后对示范城市中不同类型的居住建筑基本情况进行普查、归类和统计，全面了解我国既有居住建筑的存量和使用现状。

3.2.1 调查内容

普查工作主要是收集建筑物数量、尺寸、形状、建筑面积、建设年代、结构形式、建筑物现状和权属等信息，进而统计得到所调查区域内既有居住建筑的数量、建筑类型和使用状况等基本情况。

建筑物基本情况普查内容主要包括：

（1）同一类型建筑的建设年代、数量和比例；

（2）建筑物形状、朝向、层高、围护结构构造体系（外墙、屋顶、外窗、地面、地下室和保温材料）；

（3）每种类型建筑的平面、户型；

（4）厨卫设施；

（5）每种类型建筑的供热方式、采暖系统类型；

（6）热水系统和通风系统设置；

（7）燃气及电路等情况。

3.2.2 调查方法

（1）确定调查范围

按照不同建筑结构体系进行城市既有居住建筑基本情况初步调查；然后再分别选取不同建筑结构体系的典型建筑进行单体建筑的调查。

（2）调查方式

在做好包括技术准备、资料收集、发布通告和宣传动员等前期准备工作的前提下，通

① 德国专家老樱桃提供。

过“看、问、查、量、照、填、补”的方式进行调查，以获取建筑物名称、所在区位、建筑高度和形状以及了解楼层、单元和住户数量等基础数据。其中，不同调查方式描述如下。

“看”—看楼栋号、门牌号、层数、单元数、每单元住户数、总套数、建筑物形状；

“问”—询问建筑物竣工年代、供热方式等；

“查”—通过查图纸、查房产证等获取建筑面积、竣工年代、查户内管道获取采暖方式；

“量”—量取建筑物的长宽尺寸，阳台尺寸；

“照”—拍摄建筑物照片、录像等获取建筑物现状；

“填”—在影像图中涂掉已调查的建筑物，填上相应建筑物的信息与普查记录本对应页码，此种方式对于大量建筑物调查非常重要，可以使普查人员工作思路清晰、避免在普查范围内漏查建筑物；

“补”—因为所获取的影像图有滞后现象，部分新建建筑物在影像图中没有表现，应进行补充。

(3) 仪器设备和工具

普查工作所需的仪器设备和主要工具包括：

① 测量工具：测距仪、皮尺、钢卷尺；

② 记录工具：调查记录本、普查表 ；

③ 影像工具：照相机、摄像机等 ；

④ 照明工具-地下室照明；

⑤ 计算机、外设及软件系统（数据录入和数据库）；

⑥ 扫描仪、打印机。

(4) 数据统计和分类。

利用基本情况调查系统数据库进行调查数据统计、汇总和分类，并对城市不同类型既有居住建筑的基本情况进行分析，总结出整个城市既有居住建筑的特点。

3.3 重点调查

为了研究掌握既有居住建筑围护结构构造特点及能耗规律，需开展建筑围护结构构造现状及其使用情况的重点调查。按照建筑结构体系的不同，选择有条件、有代表性的建筑进行建筑物围护结构热工性能现场实测，定量分析围护结构与建筑能耗之间的关系；并通过住户调查的方式，了解业主的基本情况、住宅室内环境质量、住宅装修情况以及居民对节能改造所关心的问题和建议。

分类汇总普查获得的基础数据后，在每个建筑类型中选取具有代表性的典型建筑物，进行现状调查评估、围护结构传热系数和建筑物气密性等项性能测试。之后，针对典型建筑物的现状和物理性能情况制定各类型建筑的改造方案，再将典型建筑评估和性能测试结果反映到所有类型的建筑中，进而推算出整个被查区域的建筑能耗现状和改造费用及节能减排效益。

3.3.1 调查内容

重点调查包括一般性调查、建筑物相关性能检测及住户基本情况调查。

1. 一般性调查

（1）室外部分

室外部分包括住区周边环境、外墙、外墙保温状况，阳台、窗户、承重结构、基础、地下室、地下室热工状况、地下室外门、地下室窗户、楼梯间、楼宇入口、屋面、突出屋面的构筑物、屋面保温状况、屋面檐口、供热方式等。

①周边环境。包括小区的平面布局、立面状况、消防通道、路面、绿化、架空管道等可能影响将来节能改造的因素。

②供热、水、电、燃气系统。水、电、气系统调查包括燃气、供水管道的总阀门和配电箱位置及状况，以及暖气管道位置、走向和保温状况。

③屋面。屋面上人孔状况、屋面防水种类及状况、屋面放坡及排水形式、女儿墙压顶（有无漏筋、剥落）、女儿墙与屋面相交处防水处理、顶层阳台的顶部是否有防水和保温、屋面突出的构筑物及其顶部位保温、防水状况等。

④外墙。外墙饰面做法、外墙饰面完好程度、外墙厚度和主体部位材料、墙体缺陷（裂缝、开裂、饰面剥落、返碱等所处部位、面积及严重程度等）、雨水斗和雨水管（位置、长度、数量等状况）、突出外墙的装饰带及装饰物、空调机室外机数量及管线穿墙孔处的密封情况、墙面的附着电缆、管线、配电箱等状况。

⑤外窗。窗户的类型（单层、双层、中空）、窗户材料的种类（钢、木、铝合金、塑钢）、密封状况（密封条情况、四周封口状况）、窗户数量（按照尺寸、类型及朝向划分）、外窗护栏的数量。

⑥阳台。阳台尺寸及数量、结构形式、阳台底板及栏板原有构造状况及现状、封闭阳台数量、封闭阳台窗户的种类及状况、护栏数量及状况。

⑦楼宇入口和楼梯间。楼宇入口单元门的状况（有无保温、对讲、防盗、防火功能）、单元入口的尺寸（无单元门）、雨篷的尺寸和完好情况、楼梯间窗户的类型和材料种类、楼梯间隔墙的厚度、楼梯间的进深和宽度、楼梯间墙面的现状。

⑧地下室。地下室顶板保温措施（材料种类、厚度）、地下室墙体状况（有无霉变、结露、返碱及其具体部位）、地下室高度、地下室外门（外门的种类、保温性能）、地下室窗户（窗户位置、窗户尺寸、种类及材料类型）。

（2）室内部分

室内部分包括典型建筑的建筑、采暖系统、热水制备、自来水阀门和管道、下水管道、通风系统、燃气主阀门和燃气管、配电箱和电路、电梯、营业空间等状况。

① 典型建筑的建筑状况。房间的平面布局、各房间状况（有无结露、开裂或收缩裂纹）、顶层房屋屋顶（有无渗漏）、窗户尺寸、阳台门状况（有无阳台门、阳台门的类型及材料种类、阳台门尺寸）、阳台窗户与阳台的密封情况（有无渗漏现象）。

② 采暖系统。采暖系统的供热方式（区域锅炉房、换热站、热电联产、地热或太阳能）、采暖管道的敷设方式（单管串联、并联、水平分环等）、散热器的状况（位置、完

好程度、有无温度调节装置、温度调节是手动或自动、有无遮挡)、热计量装置（如有，查看品牌和型号；如无，需查看是否有预留计量装置安装位置)。

③ 通风系统。卫生间的排气方式（自然、机械）和排气途径（排至户外、楼道或烟道)、厨房的排气方式和排气途径（室外或烟道)、烟道状况（是否通畅、顶部是否有防雨措施)、燃气热水器的排气途径（室外或烟道)、各种排气管与室外连通处的密封情况、燃气软管（老化程度)。

④ 热水制备。热水器的种类（电、燃气、太阳能等)、出厂日期和功率。

⑤ 给水排水管道。上下水管道（有无锈蚀、渗漏现象)，阀门（开启是否灵便)、检修孔（有无装修遮盖)、水嘴（有无锈蚀)。

⑥ 电梯及其他。电梯状况（运行是否可靠)、配电箱和漏电保护器位置、计量方式、目前状况。

2. 建筑物相关性能测试

(1) 典型建筑物的热工性能测试。主要包括如下内容：

① 建筑围护结构主体部位的传热系数；

② 建筑围护结构热工缺陷；

③ 建筑围护结构热桥部位内表面温度。

(2) 建筑物气密性能和厨房、卫生间的排风性能。

(3) 建筑物墙体、阳台结构安全性能。

3. 住户基本情况调查

(1) 业主基本情况

住宅性质、住户人口、老人和小孩所占比例、建筑面积、户型/位置、业主月收入及月平均生活支出。

(2) 居民改造意愿

对节能改造工作的理解、节能改造的意愿、希望在哪些方面进行改造以及愿意支付哪些项目的改造费用?

(3) 居民关心的问题及建议

收集居民对节能改造所关心的问题以及对节能改造工作的建议。

3.3.2 调查方法

在各建筑类型中选取具有代表性的典型建筑物，进行现状调查、围护结构传热系数和建筑物气密性等项性能测试，针对典型建筑的现状和物理性能情况制定节能改造方案，并进行相关数据分析，进而推算出整个区域的建筑能耗现状和改造费用及节能减排效益。

1. 典型建筑物的选取

根据普查数据和分类统计资料，确定所调查城市建筑物的类型。每类建筑物宜选取3栋典型建筑物以增加样本空间。典型建筑物的选取是一项非常重要的工作，选取的原则应具有普遍性和代表性。选取典型建筑物是为了在普查的基础上进行更为详细的调查，通过调查结果，推算该地区既有建筑能耗状况、节能减排效益、确定既有建筑节能改造方案，对于所调查地区既有建筑节能改造具有规划和指导意义。实际改造还需要做更深入的工作。

2. 一般性调查

采用“查阅、询问、拍照、测量、目测”的方式，进行建筑与设备现状调查。其具体调查方式如下：

（1）查阅图纸。了解建筑物各部位细部做法、各住户平面布局、采暖系统方式。在查阅建筑、结构和设备专业图纸时，宜进行图纸扫描并存档。

（2）询问。询问住户在居住过程中房间的冷热状况、舒适度，有无结露现象等。

（3）拍照。将建筑物相应部位的现状进行拍照，便于后期进行分析，提出改造具体方案。

（4）测量。现场测量在图纸中没有标示出的一些细部尺寸。

（5）目测。观察建筑物室内外需要重点改造的部位，加以记录描述。

3. 相关性能测试

（1）建筑热工性能

依据行业标准《居住建筑节能检验标准》JGJ132-2009和国家标准《建筑物围护结构传热系数及采暖供热量检测方法》GB/T 23483-2009进行建筑热工性能检测。检测项目一般包括围护结构主体部位的传热系数、热工缺陷和热桥部位内表面温度。

① 建筑围护结构传热系数

围护结构主体部位传热系数测试宜采用热流计法进行。现场检测测点布置以及测试用仪器设备见图3-2。

首先，选取典型建筑围护结构主体传热系数测试的房间。一般情况应选择建筑物的顶层，为了避免阳光的辐射影响，测试房间宜位于北侧。主要测试墙体、屋顶和地下室顶板、底层阳台底板的传热系数。

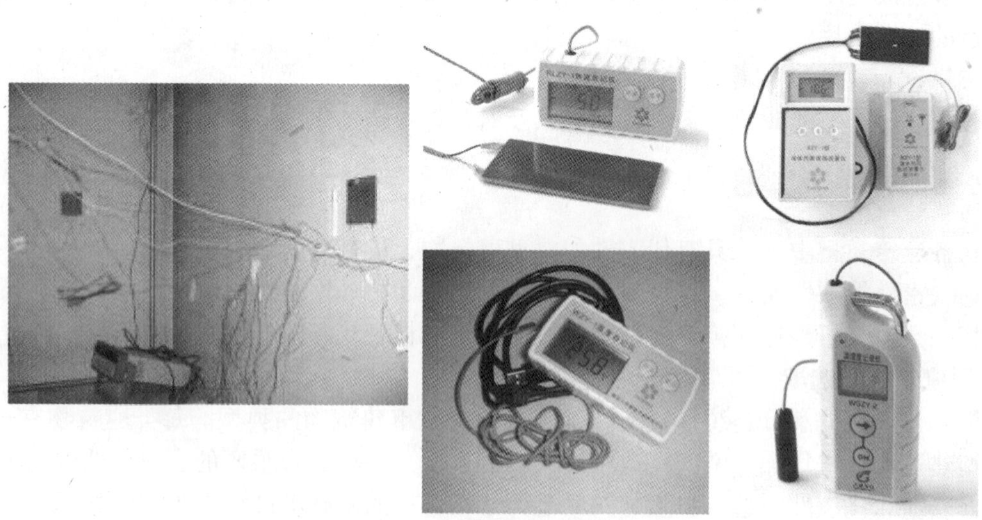

图3-2 热流计法测定围护结构传热系数

② 围护结构热工缺陷和热桥部位内表面温度。

采用红外热像仪在建筑物外侧和内部对典型建筑进行热工缺陷测试，分析围护结构热桥部位内表面温度。热桥部位内表面温度也可在测试围护结构传热系数的同时，在相应部位设置温度传感器进行测试，以供数据分析使用。热成像法检测围护结构热工缺陷见图 3-3 。

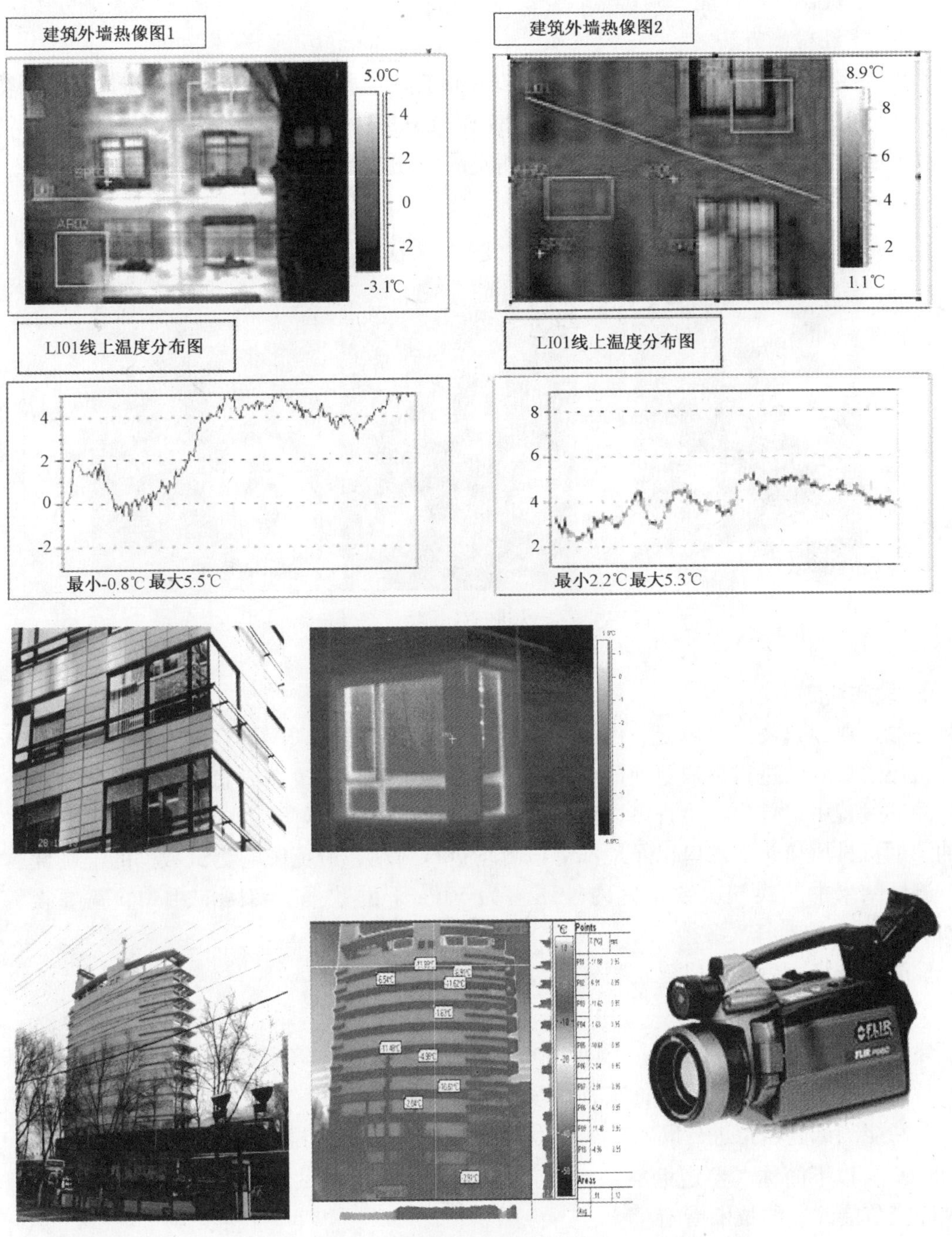

图 3-3　热成像法检测围护结构热工缺陷

③ 检测注意事项

在进行传热系数测试布点前，宜采用红外热像仪测试拟布点区域的温度分布情况，选取代表点。热像仪在室外工作时，室外温度不宜低于-15℃，以避免出现黑屏现象。最后，形成典型建筑热工性能测试报告，并存档。

（2）建筑物气密性能

① 气密性检测方法

为估算建筑物整体的空气渗透耗热量以及检查通风和排风系统的功能现状，参照德国标准《建筑物气密性检测 压差测量法》DIN EN 13829-2001 进行建筑物气密性检测。测试仪器为建筑气密性测试系统 TMBD。压差测量法现场检测建筑物气密性所用仪器设备，见图 3-4。

图 3-4 压差法进行建筑物气密性检测

② 检测注意事项

一般选取建筑物两侧单元、中间单元的底层、中间层和顶层的房间进行测试。对于既有建筑还需要对已进行窗户更换的住户进行测试，为下一步改造方案确定提供依据。

测试过程中，首先要检查测试房间的窗户是否已经关闭好。并应对卫生间通风口、厨房抽油烟机排风口、下水口以及地漏等位置均进行封堵，避免影响测试数据的准确性。

测试结果中的换气次数是室内外压差为 50Pa 下的数据。实际应用中，需要换算成 10Pa 或 3Pa 下的换气次数。

检测工作结束后，形成建筑物气密性检测报告并归档。

（3）结构安全性能

典型建筑是按照不同年代、不同结构类型进行划分的，在进行既有建筑节能改造时，必要时需要依据国家标准《砌体工程现场检测技术标准》GB/T 50315-2000 进行建筑结构的安全性能测试。当拟进行既有建筑扩建时，应依据国家标准《建筑抗震鉴定标准》GB 50023-95（以下简称《鉴定标准》）进行抗震鉴定。根据测试结果确定是否进行节能改造以及确定节能改造的技术措施。

安全性能检测主要包括屋面结构、墙体结构和阳台结构三方面。一般情况，采用回弹法和射钉法检测墙体结构的安全性能。

3.4　数据分析

3.4.1　建筑能耗计算

在完成建筑物的现状调查、围护结构传热系数和建筑物气密性等性能测试的重点调查后，应进行建筑物的采暖能耗计算，以期掌握各类型建筑的现状采暖耗能平均水平，为建筑节能改造的设计提供依据，进而达到对重点调查成果的总结和概括目的。

（1）节能65%设计标准规定的方法

一般情况，依据行业标准《节能设计标准-95》规定的方法，选取建筑物能耗计算参数，根据建筑围护结构的保温性能、建筑物气密性以及供热采暖系统效率，计算建筑物的采暖能耗。

（2）节能65%设计标准规定的方法

随着我国建筑节能工作的不断推进，居住建筑节能设计标准已进行了修编。修编后的行业标准《严寒与寒冷地区居住建筑节能设计标准》JGJ26-2010（以下简称《节能设计标准-2010》）已公布实施，各地区也可根据经济发展的具体情况，采用相应的标准计算建筑物的采暖能耗。

《节能设计标准-2010》对建筑物耗热量指标计算方法进行了较大修改。严寒和寒冷地区的建筑物耗热量指标仍然沿用稳态传热的方法来计算。与原有的计算方法相比，建筑围护结构传热量计算方法做了较大调整。具体来讲，考虑到墙体结构性热桥对传热量的影响，采用了新的墙体平均传热系数计算方法；增加地面传热量；对于非透明围护结构传热系数的修正系数采用新的计算方法；对于透明围护结构传热量采用新的计算方法。此外，冬季采暖室内计算温度则选取18 ℃，较以前的计算温度16℃，提高了2℃。

《节能设计标准-2010》中规定，建筑物耗热量指标应按下式计算：

$$q_{H} = q_{HT} + q_{INF} - q_{IH} \tag{3-1}$$

式中　q_{H}——建筑物耗热量指标，W/m^2；

q_{HT}——折合到单位建筑面积上单位时间内通过建筑围护结构的传热量，W/m^2；

q_{INF}——折合到单位建筑面积上单位时间内建筑物空气渗透耗热量，W/m^2；

q_{IH}——折合到单位建筑面积上单位时间内建筑物内部得热量，取3.8W/m^2。

例如，按照新的居住建筑节能设计标准规定，北京地区居住建筑建筑物耗热量指标应符合表3-1的规定。

建筑物耗热量指标限值　　**表3-1**

建筑层数	≤3层	4~8层	9~13层	≥14层
建筑物耗热量指标（W/m^2）	16.1	15.0	13.4	12.1

折合到单位建筑面积上单位时间内通过建筑围护结构的传热量应按下式计算：

$$q_{HT} = q_{Hq} + q_{Hw} + q_{Hd} + q_{Hmic} + q_{Hy} \tag{3-2}$$

式中　q_{HT}——折合到单位建筑面积上单位时间内通过建筑围护结构的传热量，W/m^2；

q_{Hq}——折合到单位建筑面积上单位时间内通过墙的传热量，W/m^2；

q_{Hw}——折合到单位建筑面积上单位时间内通过屋顶的传热量，W/m^2；

q_{Hd}——折合到单位建筑面积上单位时间内通过地面的传热量，W/m^2；

q_{Hmic}——折合到单位建筑面积上单位时间内通过门、窗的传热量，W/m^2；

q_{Hy}——折合到单位建筑面积上单位时间内非采暖封闭阳台的传热量，W/m^2。

折合到单位建筑面积上单位时间内通过外墙的传热量应按下式计算：

$$q_{Hq} = \frac{\sum q_{Hqi}}{A_0} = \frac{\sum \varepsilon_{qi} K_{mqi} F_{qi} \ (t_n - t_e)}{A_0} \tag{3-3}$$

式中　q_{Hq}——折合到单位建筑面积上单位时间内通过外墙的传热量，W/m^2；

t_n——室内计算温度，取18℃，如果外墙内侧是楼梯间，则取12℃；

t_e——采暖期室外平均温度,℃，根据《节能设计标准-2010》附录A确定；

ε_{qi}——外墙传热系数的修正系数，根据《节能设计标准-2010》附录E确定；

K_{mqi}——外墙平均传热系数，W/（m^2·K），根据《节能设计标准-2010》附录B确定；

F_{qi}——外墙的面积，m^2，可根据《节能设计标准-2010》附录F的规定计算确定；

A_0——建筑面积，m^2，可根据《节能设计标准-2010》附录F的规定计算确定。

折合到单位建筑面积上单位时间内通过屋顶的传热量应按下式计算：

$$q_{Hw} = \frac{\sum q_{Hwi}}{A_0} = \frac{\sum \varepsilon_{wi} K_{wi} F_{wi} \ (t_n - t_e)}{A_0} \tag{3-4}$$

式中　q_{Hw}——折合到单位建筑面积上单位时间内通过屋顶的传热量，W/m^2；

ε_{wi}——屋顶传热系数的修正系数，根据《节能设计标准-2010》附录E确定；

K_{wi}——屋顶传热系数，W/（m^2·K）；

F_{wi}——屋顶的面积，m^2，可根据《节能设计标准-2010》附录F的规定计算确定。

外墙和屋顶传热系数的修正系数主要是考虑太阳辐射对外墙传热的影响。例如：按照新的居住建筑节能设计标准规定，北京地区外墙和屋顶传热系数的修正系数见表3-2。

外墙和屋顶传热系数的修正系数　　**表3-2**

朝　向	屋　顶	南　墙	北　墙	东　墙	西　墙
修正值	0.98	0.83	0.95	0.91	0.91

折合到单位建筑面积上单位时间内通过地面的传热量按下式计算

$$q_{Hd} = \frac{\sum q_{Hdi}}{A_0} = \frac{\sum K_{di} F_{di} \ (t_n - t_e)}{A_0} \tag{3-5}$$

式中　q_{Hd}——折合到单位建筑面积上单位时间内通过地面的传热量，W/m^2；

K_{di}——地面的传热系数，W/（m^2·K）。根据《节能设计标准-2010》附录 C 的规定计算确定；

F_{di}——地面的面积，m^2，根据《节能设计标准-2010》附录 F 的规定计算确定。

折合到单位建筑面积上单位时间内通过外窗（门）的传热量应按下式计算：

$$q_{Hmc}=\frac{\sum q_{Hmci}}{A_0}=\frac{\sum\left(K_{mci}F_{mci}\left(t_n-t_e\right)-I_{tyi}C_{mci}F_{mci}\right)}{A_0} \tag{3-6}$$

式中　q_{Hmc}——折合到单位建筑面积上单位时间内通过外窗（门）的传热量，W/m^2；

K_{mci}——窗（门）的传热系数，W/（m^2·K）；

F_{mci}——窗（门）的面积，m^2；

I_{tyi}——窗（门）外表面采暖期平均太阳辐射热，W/m^2，应根据《节能设计标准-2010》附录 A 确定；

C_{mci}——窗（门）的太阳辐射修正系数，等于3mm 普通玻璃的太阳辐射透过率、污垢遮挡系数和窗（门）综合遮阳系数的乘积。3mm 普通玻璃的太阳辐射透过率取值 0.87，污垢遮挡系数取值 0.90。

窗（门）的综合遮阳系数＝外遮阳的遮阳系数×玻璃的遮阳系数×（1－窗框比）。

折合到单位建筑面积上、单位时间内通过非采暖封闭阳台的传热量按下式计算：

$$q_{Hy}=\frac{\sum q_{Hyi}}{A_0}=\frac{\sum\left(K_{qmci}F_{qmci}\zeta_i\left(t_n-t_e\right)-I_{tyi}C'_{mci}F_{mci}\right)}{A_0} \tag{3-7}$$

式中　q_{Hy}——折合到单位建筑面积上单位时间内通过非采暖封闭阳台的传热量，W/m^2；

K_{qmci}——分隔封闭阳台和室内的墙、窗（门）的平均传热系数，W/（m^2·K）；

F_{qmci}——分隔封闭阳台和室内墙、窗（门）的面积，m^2；

ζ_i——阳台的温差修正系数，应根据《节能设计标准-2010》附录确定；

I_{tyi}——封闭阳台外表面采暖期平均太阳辐射热，W/m^2，根据《节能设计标准-2010》附录确定；

F_{mci}——分隔封闭阳台和室内窗（门）的面积，m^2；

C'_{mci}——分隔封闭阳台和室内的窗（门）的太阳辐射修正系数，等于封闭阳台外侧窗的太阳辐射修正系数与内侧窗的太阳辐射修正系数的乘积。外侧窗的太阳辐射修正系数等于3mm 普通玻璃的太阳辐射透过率×污垢遮挡系数×外侧窗玻璃的遮阳系数×（1－外侧窗窗框比）；内侧窗的太阳辐射修正系数等于3mm 普通玻璃的太阳辐射透过率×污垢遮挡系数×内侧窗玻璃的遮阳系数×（1－内侧窗窗框比）×阳台顶板的遮阳系数。

折合到单位建筑面积上单位时间内建筑物空气换气耗热量应按下式计算：

$$q_{INF}=\frac{\left(t_n-t_e\right)\left(C_p\rho NV\right)}{A_0} \tag{3-8}$$

式中　q_{INF}——折合到单位建筑面积上单位时间内建筑物空气换气耗热量，W/m^2；

C_p——空气的比热容，取 0.28 Wh/（kg·K）；

ρ ——空气的密度，kg/m^3，取温度 t_e 下的值；

N ——换气次数，取 0.5 h^{-1}；

V ——换气体积，m^3，可根据《节能设计标准-2010》附录的规定计算确定。

(3) 计算参数的确定

①围护结构面积

改造前、后阳台封闭对围护结构面积的计算是不同的。建筑物各部分面积（外墙和屋顶面积）的取值在计算中应分别考虑。

②传热系数

建筑物围护结构各部位传热系数应根据实测数据确定。如无法得到实测值，则按照构造做法选取理论值。

③换气次数的确定

改造前换气次数取在室内外压差为 50Pa 下进行测试得到的空气渗透量，经换算得到，单位为次/h，改造后换气次数取 0.5 次/h。

④采暖系统效率确定

改造前，管网输送效率 0.85，锅炉运行效率 0.55。改造后，管网输送效率 0.90，锅炉运行效率 0.68。

3.4.2 节能潜力和经济性分析

通过建筑采暖能耗计算分析，掌握了各类型建筑现状采暖耗能水平与建筑节能设计标准要求的差距。对于既有居住建筑是否需要进行节能改造？改造要达到的目标是什么？采用何种方式进行改造？改造建筑物的哪些方面和部位？采取哪些技术措施合理可行？改造方案如何确定？对上述问题进行决策的主要依据是节能的效果和所需的费用。

可从既有居住建筑基本情况调查得到的普查和典型建筑重点调查结果中提炼出基础数据进行整理，挑选出关键性的数据形成了可供深入分析的数据表。以调查数据表为依据，分别从建设年代、建筑类型、△OTTV 及各改造部位的费效比等方面对重点调查数据进行节能潜力和经济性分析。

由于建筑的能耗主要依赖于两个因素——气候和建筑。为了能将来自不同城市的相同类型建筑的能耗进行统计比较，在对与能耗相关的数据处理时，将能耗量（或节能量）平均到 1HDD 上，以此来回避气候因素造成的影响，解决不同地区相同建筑能耗的比较问题。

我们将在第四章中以乌鲁木齐等 4 个城市既有居住建筑物的重点调查数据为例，进行综合节能改造的节能潜力和经济性分析。

参考文献

[1] 中德技术合作“中国既有建筑节能改造”项目成果国汇编．既有居住建筑基本情况调查方法，2010.

[2]“十一五”国家科技支撑计划项目“建筑节能技术标准研究”课题．北方地区居住建筑的围护结构、采暖空调系统设备状况及建筑能耗调查研究报告，2010.

第四章　综合改造节能潜力及经济性分析

由于既有居住建筑的现状和物理性能都不尽相同，各地区的技术和经济条件也不一致，在进行既有居住建筑节能改造时，每栋建筑的改造内容（包括围护结构的修缮、节能措施、提升使用功能三部分）也不一致。因此，应根据建设地点自然条件和经济状况，分别确定各类型建筑改造方案，而后进行能耗计算、节能减排量分析和经济性分析，以便为所调查区域既有居住建筑节能改造提出节能效果最优、所需费用最低的优化方案建议，并为改造中所采取技术措施的适用性进行深入的研究。

如何针对改造对象分析不同改造方案的节能潜力，评价改造方案的经济性并选择有效的改造措施就显得尤为重要。节能改造方案的效果和所需投入的费用是决策上述问题的重要依据。为此，本章以乌鲁木齐、唐山、天津和鹤壁 4 个城市的 8 个城区内既有居住建筑物的重点调查数据为例，进行综合节能改造的节能潜力和经济性分析。

4.1　节能潜力分析

4.1.1　改造方案的确定

应根据建筑物所在地区气候条件和经济发展水平，确定各类型建筑改造方案。首先，确定节能综合改造目标。包括节能目标、修缮目标（粉刷、楼梯踏步、楼梯栏杆等）和提高使用功能的改造目标（电子对讲门、电路负荷增加、阳台封闭等）。然后，根据各城市当地气候条件和经济发展水平，分别确定相应的指标值。

1. 改造方案确定步骤

（1）确定改造目标。节能目标分为小改、中改和大改 3 个级别。小改达到 50% 节能目标、中改达到 65% 节能目标、大改超过或达到 65% 节能目标；修缮目标（防水、楼梯踏步、楼梯栏杆等）；提高使用功能的改造目标（电子对讲门、电路负荷增加、阳台封闭等）。

（2）根据各城市采暖期气候条件分别确定相应目标的指标值，由指标值分别确定围护结构各部分（屋顶、墙体、门窗、地下室顶板等）传热系数值。

（3）根据各部位传热系数限值，确定其节能设计做法。

（4）节能改造目标不能低于节能 50% 的要求。

（5）确定修缮和提高使用功能的具体做法。

2. 重点注意事项

（1）在确定各部分传热系数限值时，应考虑当地材料供应状况和施工技术条件。尤其是在确定门窗传热系数时，需要考虑该地区节能门窗产品的生产水平。

（2）根据各部分传热系数限值以及各类建筑典型的损坏和薄弱点，确定削弱热桥效应的处理需求，确定节能改造措施进行改造方案优化。

（3）对细部做法应提出具体要求。地下室顶板保温，应考虑保温层厚度增加对使用的影响。

4.1.2 节能量计算

在典型建筑的小改、中改和大改方案确定后，可以根据典型建筑的基本情况、围护结构各部位面积和节能改造技术措施等，选取建筑物能耗计算参数，按照《节能设计标准-95》中规定的方法进行不同改造方案的全年能耗计算，得到单位面积能耗量和节能量（节能量的计算应包括锅炉和管网效率）。在得到不同的改造方案的建筑物耗热量指标后，就可以将其换算为一个采暖季单位建筑面积的能耗量和节能量，以便进一步对不同方案进行比较，分析节能潜力，为推算出每种类型及全市既有居住建筑节能改造减排效益做好准备工作。

4.1.3 环境效益分析

既有居住建筑实行节能改造后，建筑能耗降低，节约了燃煤量，同时减少燃煤产生的污染物，环境效益明显。既有居住建筑节能改造的减排量是将建筑节能改造后的节能量换算成标煤节煤量后，再乘以每吨标煤燃烧可产生有害气体的折算系数计算得到的。

污染物减排量推算依据是：每吨标煤燃烧可产生二氧化碳 2.77t。进而推算出整个区域的节能减排效益，为确定适宜的建筑节能改造技术方案做准备。

4.2 经济性分析

4.2.1 改造费用构成

建筑节能改造费用由前期费用、施工和材料费用以及不可预见费构成。

建筑节能改造费用又可以分为两部分。一部分是与节能效果直接相关的改造费用；另一部分费用是用于建筑物的修缮和提升使用功能的改造费用。虽然修缮和提升使用功能的费用（特别是修缮费用）与节能效果并无直接关系，但是它在建筑物实施节能改造时是无法避免的费用。折合到单位建筑面积，前一部分称为建筑节能改造单位面积净费用，两部分之和称为建筑节能改造单位面积总费用。

4.2.2 节能改造收益

建筑节能改造的收益可以分为两类。一类是节能收益；另一类是减排收益。节能收益就是由节能量带来的少烧煤的直接经济效益。减排效益则是由少烧煤带来的各类有害气体的减排量折算出来的间接经济效益。由于减排量如何折算经济效益（例如碳排放交易机制），国内外尚未统一，也未普遍实施。因此，减排量如何折算经济效益尚需进一步研究探讨，本书中部分城市计算了节能减排的经济效益。

本书采用节能改造费效比来描述节能改造收益。

节能改造费效比的定义：单位面积节能改造净费用与单位面积年节能量（热量）之比，其单位为元/（kWh/a）。即花多少改造费用可以获得单位面积每年一个千瓦时的节能量。

建筑节能改造单位面积总费用应根据各城市实际情况选取合适的定额子目进行工程预算，依据不同类型建筑的小改、中改和大改三种改造方案，分别计算得到三种方案各自的平均值。

4.2.3 节能改造投资回收期

对如何进行大规模的既有建筑节能改造而言，节能改造的投资回收期是一个非常重要的因素。

计算节能改造费效比时，所用的单位面积年节能量［kWh/（m^2·a)］已包含了锅炉房节能量（即计算中已考虑了锅炉运行效率和管网运行效率），因此只需将费效比除以锅炉房供应单位热量的费用（元/kWh）就可以得到静态的节能改造投资回收期。如果计算回收期时还考虑了节能改造费用的贷款利率等货币的时间价值因素，将得到动态的节能改造投资回收期。鉴于能源价格上涨等因素对回收期的影响不宜简单预测，本书各城市的投资回收期均按当地静态投资收益率推算。

锅炉房供单位热量的费用除了燃煤的费用外，还要包括供热网的运营费用，各个城市可能也会有比较大的差异。因此，可以通过粗略计算静态节能改造投资回收期时采用的电价作参考。

1kWh 的电价约为0.5元，考虑供热成本一定比供电成本低，假定供热成本是供电成本的1/3，若某个城市建筑节能改造费效比是3.0元/（kWh/a），则对应的静态节能改造投资回收期为：3.0元/(kWh/a)/(0.33×0.5元/kWh)≈18.2a。

4.2.4 节能改造投资收益率

通过既有居住建筑节能改造费用和节能减排效益推算，进行改造方案的经济性评价，采用投资收益率来衡量节能改造经济效果。

由于修缮和提升使用功能只对改造的总费用产生影响，与节能效益无直接关联性。因此，计算节能改造收益率时仅考虑节能改造费用，而不包括用于修缮和提升使用功能的费用。

静态收益率为不考虑资金的时间价值，收益年限内的收益总和与投资成本之间的比值。动态投资收益率为考虑资金的时间价值，收益年限内的收益折现额总和与投资成本之间的比值，折现系数取 $i=5\%$。

节能改造工程量如按10年均摊，评价周期自2010~2020年共计10年考虑，就可分别得到静态和动态计算收益率。

根据不同类型建筑节能改造平均费用和投资回收期，进一步推算到全市节能改造所需总费用，最终对该地区节能改造提出节能效果最优、所需费用最低的优化方案建议。

另外，需要注意的是“节能改造费效比”计算中，“费”仅包括建筑围护结构和楼内采暖系统（楼内管网和设备）的改造费用，而未包括室外供热系统（楼外管网和锅炉房或换热站的设备）的改造费用，但“效”则包括了室外供热系统的改造（计算中用了改造后的锅炉运行效率和管网运行效率）。因此，实际的静态节能改造投资回收期应比此计算结果更长。同时，也需要强调，如果考虑节能改造的减排收益，静态节能改造投资回收期会大大缩短。

4.3　方案比选分析方法

费效比是指单位建筑面积的节能改造费用与单位建筑面积年节能量（热量）之比，其单位为元/（kWh/a）。在对方案进行比选时，可以对既有居住建筑典型建筑物的改造方案按照建筑的建设年代、建筑类型、不同建筑部位、OTTV 等从不同的角度分析，得到不同改造方案的节能改造效费比，以确定适宜的节能改造措施和方案。为此，本节以乌鲁木齐、唐山、天津和鹤壁市既有居住建筑、典型建筑物的重点调查数据为基础数据，进行综合节能改造的方案比选分析。

4.3.1　按建筑年代分析

按照建筑物的建造年代进行统计，可将既有居住建筑分为四类，即为 1980 年前建造的、1980 年代建造的、1990 年代建造的和 2000 年后建造的。以北方四城市既有居住建筑节能改造的调查分析为例，从费效比看，20 世纪 90 年代建造的建筑物改造最为划算，其次为 80 年代建筑，见图 4-1 和图 4-2。

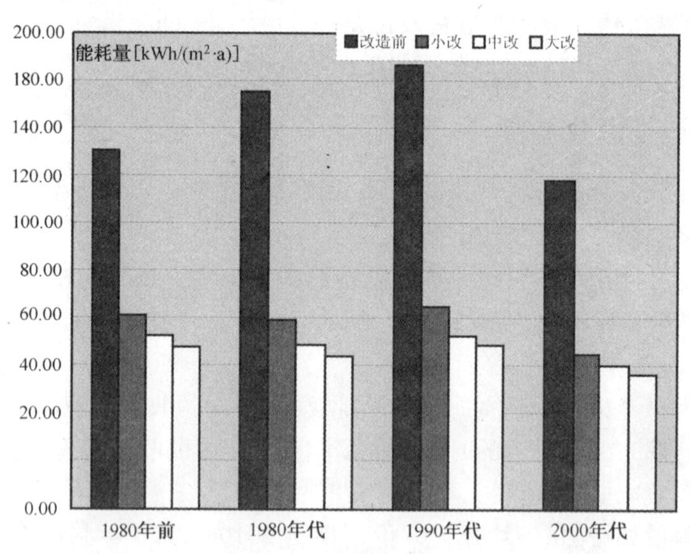

图 4-1　不同建设年代的能耗量分析图

不同年代建造的建筑物中改和小改方案费效比相差不大，且中改方案的节能量明显高于小改方案。因此，宜优先选择中改方案。大改方案的费效比相对较差，且其节能量较中改方案提高有限。特别是 2000 年代建筑的大改方案，选择时应慎重。

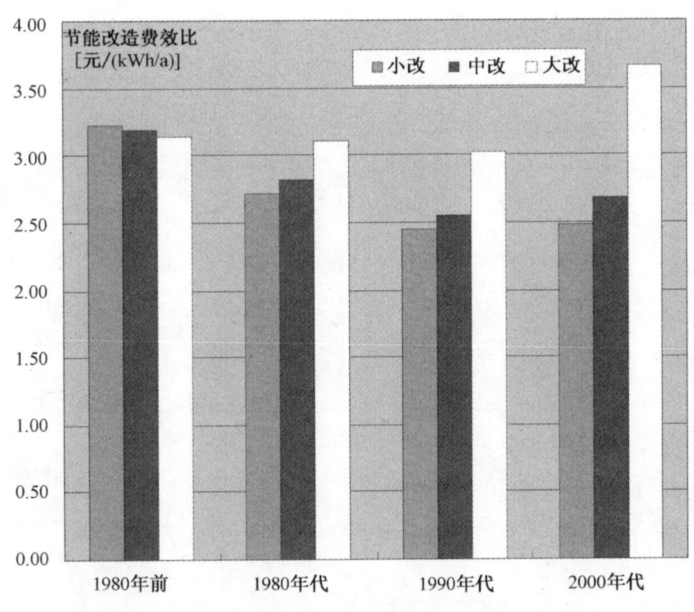

图 4-2　不同建设年代的节能改造费效比分析图

4.3.2　按建筑类型划分

根据建筑物结构形式和建筑层数，可以将既有居住建筑划分为 8 种建筑结构类型。

以北方四城市既有居住建筑节能改造的调查分析为例，根据费效比分析可知，对于目前存量大的 4 层以上的砌体（砖混）结构住宅建筑，大改方案的费效比在 3.5 元/（kWh/a）以上。该类型建筑的中改方案和小改方案费效比基本在 3 元/（kWh/a）左右。预制混凝土板结构类的建筑，其节能改造费效比大多在 2.5 元/（kWh/a）以下，应优先改造，见图 4-3 和图 4-4。

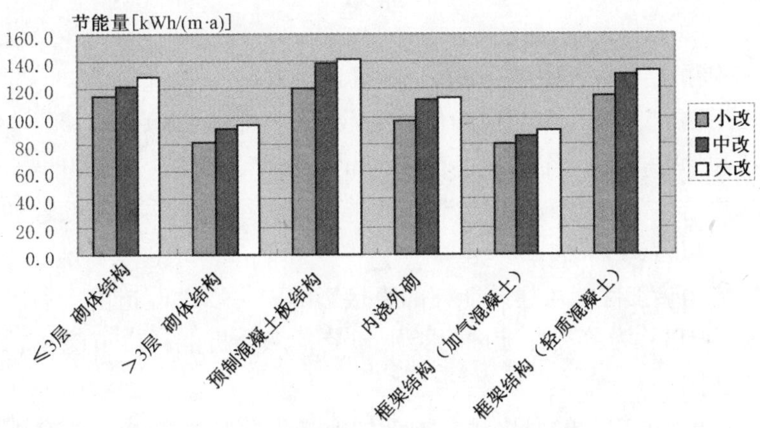

图 4-3　不同类型建筑三种改造方案节能量统计

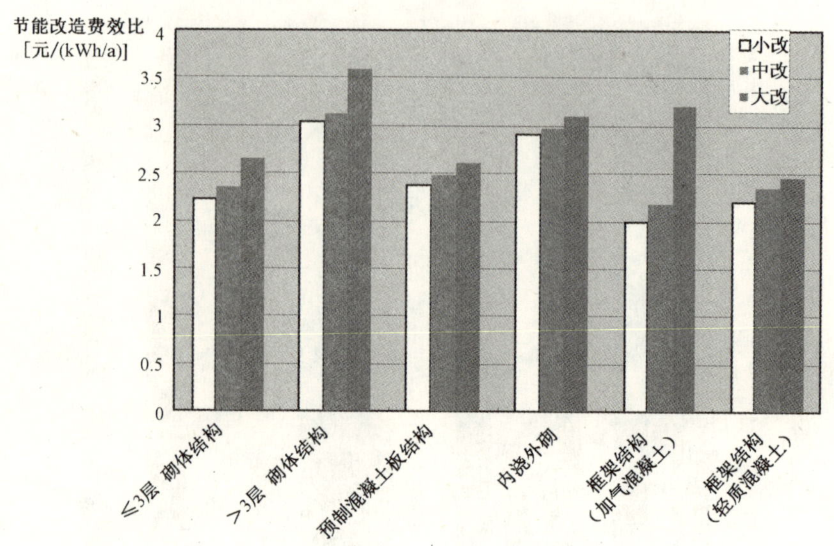

图 4-4 不同类型建筑三种改造方案费效比统计

4.3.3 按 OTTV 划分

建筑围护结构各部位传热系数与各部位面积乘积之和与围护结构各部位面积之和的比值，其单位为 W/（m^2 · K），以 OTTV 表示。

其定义式如下：

$$\mathrm{OTTV} = \frac{\sum_{i=1}^{n} K_i F_i}{\sum_{i=1}^{n} F_i}$$

式中 OTTV——围护结构平均传热系数，W/（m^2 · K）；

K_i——围护结构第 i 个部位的传热系数，W/（m^2 · K）；

F_i——围护结构第 i 个部位的面积，m^2。

现状建筑围护结构平均传热系数与节能改造后围护结构平均传热系数的差值，其单位为 W/（m^2 · K），以△OTTV 表示。

考虑到围护结构热工性能对建筑能耗的直接影响，可以以改造前、后围护结构平均传热系数的改变量△OTTV 为分类标准进行类别划分，来分析能耗、节能量和改造方案的费效比，见图 4-5 和图 4-6。

从图中可以看出，OTTV 的变化对围护结构改造费效比的影响。建筑围护结构改造的费效比随着△OTTV 的增大而有变大的趋势；当平均传热系数 OTTV 的变化值为 1.0 ~ 2.0W/（m^2 · K）时，围护结构改造的费效比最为合理。

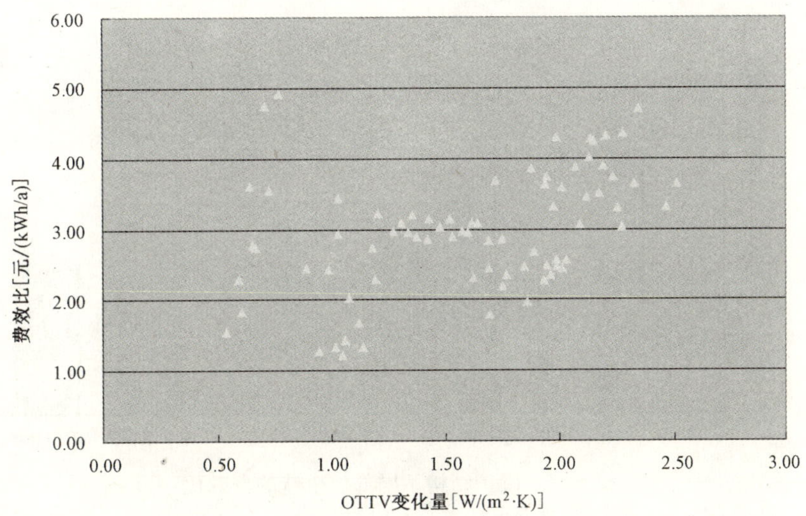

图 4-5　不同 OTTV 变化量的改造方案费效比统计

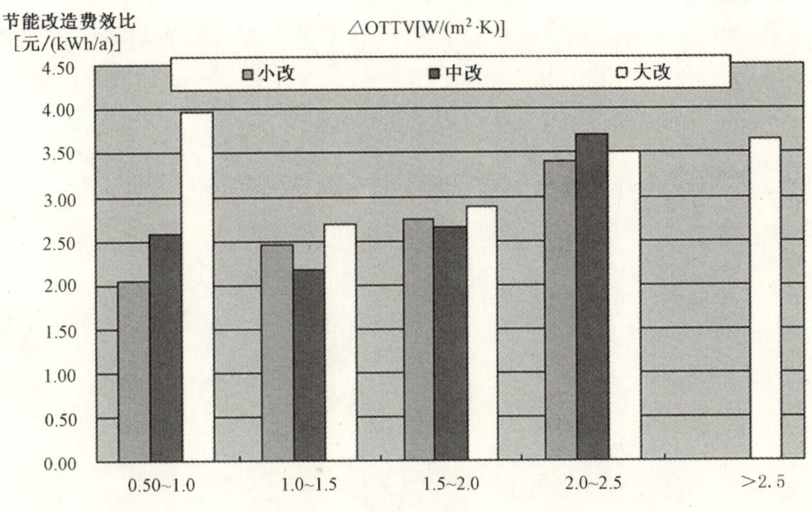

图 4-6　不同 OTTV 变化范围的改造方案费效比统计

4.3.4　按不同建筑部位划分

从建筑围护结构各个部位改造的费效比分析结果可以看出，不同部位围护结构改造的费效比差别较大，在进行节能改造时应认真分析确定改造措施。以北方四城市既有居住建筑节能改造的调查分析为例，单元门改造在三种改造方案中费效比均最低，其次是建筑外窗图 4-7。

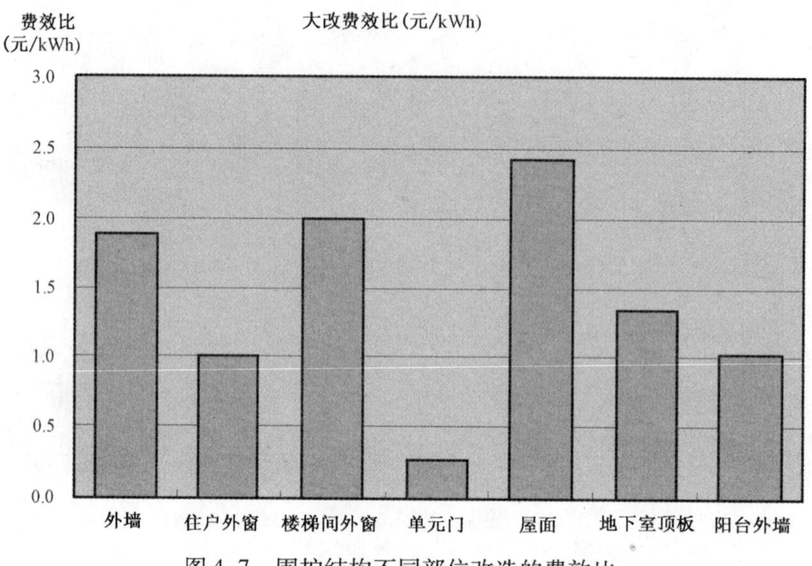

图 4-7 围护结构不同部位改造的费效比

参考文献

[1] “十一五”国家科技支撑计划项目“建筑节能技术标准研究”课题. 北方地区居住建筑的围护结构、采暖空调系统设备状况及建筑能耗调查研究报告, 2010.

[2] 中德技术合作“中国既有建筑节能改造”项目成果国汇编. 既有居住建筑基本情况调查方法, 2010.

第五章　节能改造技术措施

5.1　节能改造原则

对既有建筑进行节能改造，需要同时考虑改造效果和改造费用两方面因素。由于各地区气候条件、经济条件不同，建筑物特点也不尽相同，各地区需要结合本地实际情况采取因地制宜的原则制定节能改造方案，且节能改造目标应不低于当地现行新建建筑节能标准的要求。

对于那些结构安全性能较好、建筑寿命还较长，但建筑围护结构及供热采暖系统存在明显破损及缺陷的建筑物，建筑围护结构热工性能相对较差，节能改造后节能效果显著的建筑应优先进行改造。

在进行围护结构节能改造的同时，应考虑供热采暖系统的节能改造，不仅能使围护结构的保温性能与供热采暖系统相协调，而且经济、省工时。当同时进行有困难时，可先进行围护结构改造，但在设计上应为供热采暖系统改造预留条件。

5.2　围护结构节能改造技术

建筑围护结构节能是建筑节能的重要组成部分，是通过改善建筑物围护结构热工性能，达到夏季隔绝室外热量进入室内（即隔热），冬季防止室内热量泄出室外（即保温），使建筑物室内温度尽可能接近舒适温度，以减少通过辅助设备如采暖、制冷设备来达到合理舒适室温的负荷，最终达到节能的目的。围护结构节能改造包括外墙、外窗、户门、不封闭阳台门和单元入口门、屋面、直接接触室外空气的楼地面、采暖房间与非采暖房间的隔墙及楼板等。

5.2.1　外墙改造技术措施

外墙是建筑围护结构中传热面积最大的部分，对整个建筑能耗有决定性的影响作用。外墙传热耗热量约占建筑围护结构传热耗热量的25%左右，因此，减小既有居住建筑墙体的传热耗热量，将有效地改善既有居住建筑室内热环境，减少建筑能耗。外墙改造技术措施。

1. 严寒和寒冷地区

对于严寒和寒冷地区，外墙外保温技术有许多优点，特别是在既有建筑围护结构节能改造时，施工不需要居民搬迁，对居民的生活干扰最小而更具优势，同时与建筑立面改造相结合，可使建筑焕然一新。因此应优先采用外保温技术进行外墙的节能改造，并应与建筑的立面改造相结合。目前常用的外保温技术有EPS板薄抹灰外保温系统、XPS板薄抹灰外保温系统、硬泡聚氨酯外保温系统和EPS板与混凝土同时浇筑外保温系统技术等。

采用外保温技术对外墙进行改造时，其外保温工程的质量是非常重要的，如果工程质量不好，会出现裂缝、空鼓甚至脱落，不仅影响建筑外观效果，还会影响保温性能，甚至会有安全隐患。外墙外保温是一个系统工程，其质量涉及外墙外保温系统构造是否合理、系统所用材料的性能是否符合要求，以及施工质量是否满足标准要求等，每一个环节都很重要。

在施工前应做好准备工作。应拆除妨碍施工的管道、线路，合理布置施工脚手架；应修复和清理原围护结构破损和污染处；应预先对热桥部位进行保温处理，避免产生热桥问题。保温层的防水处理很重要，如处理不当，使保温层受潮，会直接影响外保温系统的保温效果，甚至会导致外墙内表面结露，因此外保温设计应与防水、装饰相结合，做好保温层密封和防水设计。目前预制保温装饰一体的外保温系统已在推广使用，为保证其工程质量和建筑立面装饰效果，设计上应根据建筑立面装饰效果和保温装饰材料的规格划分立面分格尺寸，并提供安装设计构造详图，特别是细部节点的安装构造。

《外墙外保温工程技术规程》JGJ 144是为了规范外墙外保温工程技术要求，保证工程质量而制定的行业标准。因此，采用外保温技术对外墙进行改造时，材料的性能、施工应符合现行行业标准《外墙外保温工程技术规程》JGJ 144的规定，同时还应满足公安部公通字［2009］46号文件对外保温系统的防火要求。

2. 夏热冬冷地区

夏热冬冷地区的城区居住建筑，在以高层建筑为主的发展形势下，外墙多为钢筋混凝土剪力墙，其保温性能差，故应进行改造。从改造难易和费用来看，南北向的居住建筑，东西山墙的保温应放在外墙改造的首位。由于该地区采用内保温做法所形成的热桥，其传热损失和结露现象均不如严寒和寒冷地区严重，故采用外保温与内保温技术所获得的节能效果相差无几，因此可根据建筑物的具体情况采用外保温或内保温技术。但是，从改造应少扰民的角度出发考虑，外墙外保温具有明显的优越性。在夏热冬冷地区，外窗、屋面是影响热环境和能耗最重要的因素，外墙虽然也是影响热环境和能耗很重要的因素，但综合投资成本、工程难易程度和节能的贡献率来看，对外墙的节能要求适当放宽，可能技术经济性会较优。

3. 夏热冬暖地区

夏热冬暖地区墙体热工性能优劣，主要会影响室内的热舒适度，对建筑节能的贡献较小。另外，一般黏土砖墙或加气混凝土砌块墙的构造做法，保温性能已基本满足《民用建筑热工设计规范》要求，当不能满足要求时，可通过浅色饰面、采取垂直绿化或格栅遮阳等墙面隔热措施进行改善，一般均可满足标准要求。采用保温措施进行外墙节能改造，造价较高，协调工作和施工难度较大，应尽量避免。夏热冬暖地区既有居住建筑外墙改造时，应优先采取浅色饰面等隔热措施，不宜采用保温处理。

在夏热冬冷和夏热冬暖地区，采用外墙内保温隔热技术同样是一种很好的节能改造措施。但是，采用内保温技术对室内装修影响很大，为保证外墙保温工程质量，在施工前应对原围护结构内表面破损和污染处做好修复和清理。在进行施工前，应首先完成室内各类主要管线的安装，并经检测合格，然后再进行内保温施工，以免造成对内保温层的破坏及不必要的返工和浪费。

内保温系统所用的材料涉及室内环保等方面的问题，如大量使用于外保温的聚苯板和挤塑板等材料，因甲苯含量较多不符合室内环保的要求，不适用于内保温使用。内保温系统所用的施工材料应符合《住宅装饰装修施工规范》GB 50327 等国家相关标准的规定。

5.2.2 屋面改造技术措施

既有居住建筑的屋面有平屋面和坡屋面两种形式，现浇混凝土屋面和预制混凝土屋面等多种，破损情况也不相同。对不同的屋面形式和不同的破损情况，应采取不同的改造措施。

（1）原屋面防水可靠，可直接做倒置式保温屋面。

（2）原屋面防水有渗漏，要铲除原防水层，重新做保温层和防水层。

（3）平屋面改坡屋面，可在原有平屋面上铺设耐久性、防火性能好的保温层。

（4）坡屋面改造时，宜在原屋顶吊顶上铺放轻质保温材料，其厚度应根据热工计算而定。无吊顶时可在坡屋面上增加或加厚保温层或增设吊顶，并在吊顶上铺设保温材料。吊顶层应采用耐久性、防火性能好，并能承受铺设保温层荷载的构造和材料。

严寒和寒冷地区的屋面宜做成倒置式保温屋面。所谓倒置式保温屋面就是防水层设于保温层的下面，而不是传统采用的屋面构造把防水层置于整个屋面的最外层。传统屋面和倒置式屋面构造做法见图 5-1 和图 5-2。

倒置式屋面做法的优点是：防水层设置在保温层的下面，可以防止太阳光直接辐射其表面，从而延缓了防水层老化进程；防水层温度变化幅度大为减小，延长了使用寿命；屋顶最外层为蓄热系数较大的材料，在夏季可充分利用其蓄热能力强的特点，调节屋顶内表面温度，使温度最高峰值向后延迟，错开室外空气温度的峰值，有利于屋顶的隔热效果。

对于原防水层近期翻修过，防水可靠的既有建筑的屋面节能改造，可直接在其上做倒置式保温屋面，既经济又方便。如原防水层虽未经翻新，但质量尚好，表面平整，也可考虑在上面加铺新的防水层后，再做倒置式屋面。做倒置式保温屋面应采用吸水率低、强度高的保温材料，如 XPS 板、硬泡聚氨酯等，并做好保温层的防护层以提高保温层的耐久性。

在夏热冬冷地区，居住建筑的屋顶根据建筑结构不同，20 世纪 70～90 年代的建筑大部分为多层建筑，平屋顶，有的有架空层，有的没有，直接暴露在太阳的辐射下，夏季顶层室内屋顶表面温度大于人体表面温度，空调能耗极高。

如仍旧保持平屋面宜设置保温层和通风架空层，有条件时可将平屋面改为种植屋面。以上几种方法都非常有效，可根据不同情况采用。平屋面改坡屋面，许多地方为了降低荷载和造价，采用在平屋面上设轻钢屋架，其上铺设复合保温层的压型钢板，这种做法应注意轻钢屋架和压型钢板的耐久性及保温材料的防火性能。坡屋面改造时，如原屋顶吊顶可以利用，最好在原吊顶上重新铺设轻质保温材料，既施工简便又可以节省投资，其厚度应根据热工计算而定。无吊顶时在坡屋面上增加或加厚保温层，其保温效果最好，但需要重新做屋面防水和屋面瓦，其工程量和投资量较大。如增设吊顶，应考虑吊顶的构造和保温

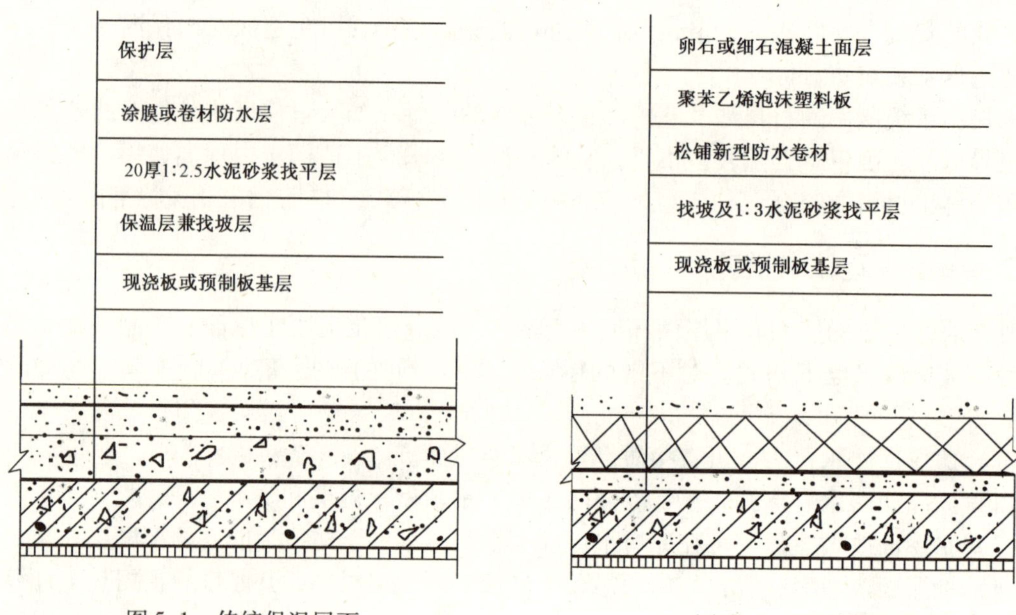

图5-1 传统保温屋面

图5-2 倒置式屋面

材料、吊顶板材的耐久性和防火性，以及周边热桥部位的保温处理。

夏热冬暖地区夏季漫长，且太阳辐射强烈。对于该地区建筑屋顶而言，由于日照时间长，若屋顶不具备良好的隔热性能，在炎热的夏季，炽热的屋顶将给人以强烈的烘烤感，难以保障良好的室内舒适环境，需要开空调降温，这也就相应地引起建筑能耗的增加。因此做好屋顶的隔热对于建筑的节能、建筑室内热环境改善就显得尤为重要。目前，夏热冬暖地区大多数居住建筑仍采用平屋顶，在夏天太阳高度角高、太阳辐射强的正午时间，由于太阳光线对平屋面是正射的，造成平屋面得热量大，而对于坡屋面，太阳光线是斜射的，可以大大降低屋面的太阳得热量。同时，坡屋面可以大大增加顶层的使用空间（相对于平屋面顶层面积可增加60%），由于斜屋面不易积水，还可以有效地将雨水引导至地面。目前，坡屋面的坡瓦材料形式多，色彩选择广，可以改变目前建筑千篇一律的平屋面单调风格，有利于丰富建筑艺术造型。

对于某些仍需保留平屋面的居住建筑，可采取其他措施改善其隔热性能。如：

（1）屋顶采取浅色饰面，对太阳辐射的反射率远大于深色屋顶。在夏季漫长的夏热冬暖地区，可以增加屋面对太阳光线的反射程度，降低屋面的太阳得热，大大降低居住建筑屋面内、外表面温度与顶层房间的热负荷，提高居住空间舒适度。

（2）屋顶设置通风架空层。一方面利用通风间层的外层遮挡阳光，使屋顶变成两次传热，避免太阳辐射热直接作用在围护结构上；另一方面利用风压和热压的作用，尤其是自然通风，带走进入夹层中的热量，从而减少室外热作用对内表面的影响。

（3）采用屋面遮阳措施。通过直接遮挡太阳辐射，达到降低屋面太阳辐射得热的目的，是夏热冬暖地区有效的改善屋面隔热性能的节能措施之一。设置屋面遮阳措施时，宜通过合理设计，实现夏季遮挡太阳辐射，冬季透过适量太阳辐射的目的。

（4）种植屋面，可以大大增加屋面的隔热性能，降低屋面的传热量。植物叶面对太阳辐射的吸收与遮挡可以有效降低屋面附近的温度，改变室内外热湿环境，同时，绿化屋面还可以增加屋面防水作用。绿化屋面是一种十分有效的隔热节能屋面，如果植被种类属于灌木，则还可以有利于固化二氧化碳，释放氧气，净化空气，能够发挥出良好的生态功效，适用于夏热冬冷地区和夏热冬暖地区的住宅屋顶防热。绿化屋面的隔热效果见表5-1。

绿化屋面的隔热效果　　表5-1

	种植屋面	无种植屋面	差　值
外表面最高温度（℃）	29	61.6	32.6
外表面温度波动（℃）	1.6	24	22.4
内表面最高温度（℃）	30.2	32.2	2
内表面温度波动（℃）	1.2	1.3	0.1
内表面最大热流（W/m^2）	2.2	15.3	13.1
内表面平均热流（W/m^2）	-5.27	9.1	14.34
室外最高温度（℃）	36.4	36.4	
室外平均温度（℃）	29.1	29.1	
最大太阳辐射照度（W/m^2）	862	862	
平均太阳辐射照度（W/m^2）	215.2	215.2	

既有居住建筑节能改造中，应鼓励太阳能等可再生能源的利用。当安装太阳能热水器时，应与屋面的节能改造同时进行，以保证屋面防水、保温的工程质量。太阳能热水系统应符合《民用建筑太阳能热水器系统应用技术规范》GB 50364-2005 的规定。

5.2.3　外窗改造技术措施

建筑外窗对建筑能耗高低的影响主要有两个方面，一是透明材料传热系数的大小影响建筑物冬季采暖和夏季空调室内外的温差传热；二是透明材料受太阳辐射影响而造成的建筑室内得热。外窗改造在考虑传热系数时，应同时考虑外窗的气密性、可开启面积和遮阳系数。不同纬度和气候区，不同朝向外窗面积大小，对建筑外窗的热工技术指标也有所差别。

1. 传热系数要求

在严寒和寒冷地区，采暖期室内外温差传热的热量损失占主要地位，外窗的传热耗热量和空气渗透耗热量占整个围护结构耗热量的50%以上。因此，对窗的传热系数和窗墙面积比有严格的要求。目前，外门窗的框料和玻璃的种类很多，如塑料、断桥铝合金、玻璃钢以及钢塑复合、木塑复合窗等，玻璃有中空玻璃和 Low-E 玻璃，构造上可以是单框双层玻璃和单框三层玻璃等。在保温性能上，塑料、木塑复合的窗料比较好，在造价上塑料和钢塑复合的窗料价格较低。改造时可根据具体情况，如原有窗已无保留价值，则应更换新窗，新窗应选用符合标准传热系数的双层玻璃窗或三层玻璃窗。如原窗可以保留，可再增加一层新的单层窗或双层玻璃窗，形成双层窗，可以起到很好的保温节能效果。当在原有单层玻璃窗加装一层窗时，宜在原窗的内层加设，因新窗的气密性要比原窗好，可避免层间结露。窗框应采用保温性能好的材料，如塑料窗或采用断桥技术的金属窗等。窗框与墙之间的保温密封很重要，常常因密封不好而出现开裂、结露和发霉的现象。对窗框与墙体之间的缝隙，宜采用高效保温密封材料（如，发泡聚氨酯等）加弹性密封胶封堵。

在夏热冬冷地区，冬、夏两季人们普遍有开窗加强房间通风的习惯。一是自然通风改善了室内空气质量；二是冬季日照可以通过窗口直接进入室内。夏季在两个连晴高温期间的阴雨降温过程或降雨后连晴高温开始温升过程，夜间气候凉爽宜人，房间通风能带走室内余热并蓄冷。另外，窗口面积过小，容易造成室内采光不足，像西南地区冬季平均日照率≤25%，全年阴雨天很多，在纬度低的这一地区增大南窗的冬季太阳辐射所提供的热量对室内采暖的作用有限，经过计算和工程实测，窗口面积太小，所增加的室内照明用电能耗，将超过节约的制冷能耗。因此，在这一地区进行围护结构节能设计时，不宜过分依靠减少窗墙比，重点应是提高窗的热工性能。

外窗改造时可采取以下措施：

（1）采用各类中空玻璃替代单层玻璃。

（2）采用中空玻璃新窗扇替换旧窗扇。

（3）采用节能窗替代旧窗。

（4）根据现场情况，加一层新窗或贴遮阳膜。

更换外窗时，外窗的可开启面积应有利于建筑的自然通风，外窗的可开启面积应不小于外窗面积的25%。

夏热冬暖地区居住建筑节能设计标准编制组通过计算机模拟分析表明，通过窗和透明幕墙进入室内的热量（包括温差传热和辐射得热），占室内总得热量的相当大部分，尤其是透明幕墙成为影响夏季空调负荷的主要因素。计算表明：广州市无外窗常规居住建筑物采暖空调年耗电量为30.6kWh/m^2；当装上铝合金窗，综合窗墙面积比CM=0.3，年耗电量是53.02kWh/m^2，当CM=0.47时，年耗电量为67.19kWh/m^2，能耗分别增加了73.3%和119.6%。说明在夏热冬暖地区，外窗成了影响建筑能耗的关键因素，其中以夏季外窗的遮阳尤为重要。因此，夏热冬暖地区既有居住建筑的外窗改造时，应同时考虑外窗的气密性、可开启面积和遮阳系数。外窗改造可采取以下方法：

（1）整窗更换为节能窗。

（2）增加开启窗扇。

（3）更换外窗玻璃为节能玻璃。

（4）外窗玻璃贴遮阳膜。

（5）东、西、南方向主要房间加设外遮阳装置。

2. 气密性要求

为了保证建筑节能，要求外窗、玻璃幕墙及阳台门具有良好的气密性能，以避免夏季和冬季室外空气过多地向室内渗漏。无论是严寒与寒冷地区、夏热冬冷地区还是夏热冬暖地区，对于外窗、玻璃幕墙及阳台门的气密性能都有较高要求。

我国现行的居住建筑节能设计标准对严寒和寒冷地区居住建筑、夏热冬冷地区和夏热冬暖地区的建筑外门窗气密性能分别作出了规定。

国家标准《建筑外门窗窗气密、水密、抗风压性能分级及检测方法》GB 7107-2008中将建筑外窗的气密性分为8级。具体数值见表5-2。

外窗气密性分级　　表5-2

分　级	1	2	3	4	5	6	7	8
分级缝长分级指标值 $q_1[m^3/(m\cdot h)]$	$4.0\geqslant q_1>3.5$	$3.5\geqslant q_1>3.0$	$3.0\geqslant q_1>2.5$	$2.5\geqslant q_1>2.0$	$2.0\geqslant q_1>1.5$	$1.5\geqslant q_1>1.0$	$1.0\geqslant q_1>0.5$	$q_1\leqslant 0.5$
单位面积分级指标值 $q_2[m^3/(m^2\cdot h)]$	$12.0\geqslant q_2>10.5$	$10.5\geqslant q_2>9.0$	$9.0\geqslant q_2>7.5$	$7.5\geqslant q_2>6.0$	$6.0\geqslant q_2>4.5$	$4.5\geqslant q_2>3.0$	$3.0\geqslant q_2>1.5$	$q_2\leqslant 1.5$

注：空气渗透量 q_1 系指门窗试件两侧空气压力差为10Pa条件下，每小时通过每米缝长的空气渗透量。

完善的密封措施是保证门窗、幕墙气密性的关键。为了提高门窗、幕墙的气密性，门窗、幕墙的面板缝隙应采取良好的密封措施。玻璃或非透明面板四周应采用弹性好、耐久的密封条密封或注密封胶密封。开启扇应采用双道或多道密封，并采用弹性好、耐久的密封条。推拉窗开启扇四周应采用中间带胶片毛条或橡胶密封条密封。单元式幕墙的单元板块间应采用双道或多道密封，并应采取措施对纵横交错缝进行密封，采用的密封条应弹性好、耐久，单元板安装就位后密封条应保持压缩状态。

从密封构造上看，密封条不能达到较佳效果的原因如下：

（1）密封条采用注模法生产，断面尺寸不准确且不稳定，橡胶质硬度超过要求。

（2）型材断面较小，刚度不够，致使执手部位缝隙严密，而在窗扇两端部位形成较大的缝隙。因此，随着钢（铝）窗型材的改进，必须生产、采用具有断面准确、质地柔软、压缩比较大、耐火性较好等特点的密封条。

3. 遮阳要求

建筑遮阳的目的在于防止直射阳光透过玻璃进入室内，减少阳光过分照射和加热建筑围护结构，减少直射阳光造成的强烈眩光。对于寒冷、夏热冬冷和夏热冬暖地区，夏季水平面太阳辐射强度可高达1000W/m^2 以上，在这种强烈的太阳辐射下，阳光直射到室内，将严重地影响建筑室内热环境，增加建筑空调能耗。因此，减少窗和透明幕墙的辐射传热是建筑节能中降低窗口得热的主要途径，应采取适当遮阳措施，以防止直射阳光的不利影响。而且夏季不同朝向墙面辐射日变化很复杂，不同朝向墙面的日辐射强度和峰值出现的时间是不同的，不同朝向墙面日辐射强度峰值一般是随纬度增高而增大的，但这也与各地气候特点有关，因此，不同的遮阳方式直接影响建筑能耗的大小。

建筑外遮阳能最有效地控制太阳辐射进入室内，施工也较方便，是夏热冬冷和夏热冬暖地区的建筑优先采用的遮阳技术。冬夏两季透过窗户进入室内的太阳辐射对降低建筑能耗和保证室内环境的舒适性所起的作用是截然相反的。

活动式外遮阳容易兼顾建筑冬夏两季对阳光的不同需求，所以设置活动式的外遮阳更加合理。窗外侧的卷帘、百叶窗等就属于“展开或关闭后可以全部遮蔽窗户的活动式外遮阳”，虽然造价比一般固定外遮阳（如窗口上部的外挑板等）高，但遮阳效果好，最能兼顾冬夏，应当鼓励使用。

对于寒冷地区，居住建筑的南向房间大都是起居室、主卧室，常常开设比较大的窗户，夏季透过窗户进入室内的太阳辐射热构成了空调负荷的主要部分。在对外窗进行遮阳改造时，有条件最好在南窗设置卷帘式或百叶窗式的活动外遮阳。

东、西向外窗同样需要遮阳。由于当太阳东升西落时其高度角比较低，设置在窗口上沿的水平遮阳几乎不起遮挡作用，宜设置展开或关闭后可以全部遮蔽窗户的活动式外遮阳。

除了保证遮阳效果和外观效果外，外遮阳还应满足建筑在使用过程中的安全性能。因此，对原围护结构结构进行安全复核、验算，应综合考虑构件承载能力、结构的整体牢固性、结构的耐久安全性等。

当结构安全不能满足节能改造要求时，也可采用玻璃（贴）膜等技术解决遮阳问题。

5.3　供热采暖、通风系统改造技术措施

5.3.1　供热采暖系统改造

既有居住建筑节能改造可以通过提高建筑围护结构的保温性能，减小建筑物的采暖能耗，如果要取得更好的节能效果，锅炉房（或换热站）和室外、室内管网的改造同样是非常重要的。只有做到“按需供给”才能将减小建筑物采暖负荷产生的理论节能量转变为实际的节能量。因此，改造时应尽可能将供热采暖系统与围护结构的改造并重。

我国的供热采暖系统规模都比较大，对供热采暖系统的节能改造需要足够的重视。实际上供热采暖系统效率的提高必须通过锅炉房（或换热站）设备的效率和运行管理，以及管网的水力平衡和调节能力、保温性能等因素来保证。热源及热力站的节能改造与城市热源的改造同步进行，有利于统筹安排、降低改造费用。当热源及热力站单独进行改造时，既要注意满足节能要求，还要注意与整个系统的协调。

1. 供热系统改造

锅炉是能源转换设备，锅炉转换效率的高低直接影响燃料消耗量，影响供热企业的运行成本。更换锅炉时，应按系统实际负荷需求和运行负荷规律，合理确定锅炉的台数和容量。对锅炉本体进行改造时，改造后的锅炉的测定效率，不应低于同型号锅炉设计效率的2%。锅炉房改造后的锅炉年均运行效率不低于《建筑节能设计标准 2010》中规定的锅炉运行效率。

供热量自动控制装置可在整个采暖期间，根据采暖室外气象条件的变化调节供热系统的供热量，始终保持锅炉房的供热量与建筑物的需热量基本一致，实现按需供热；达到最佳的运行效率和最稳定的供热质量。

供热系统的节能改造可能会遇到的两个问题：（1）原供热系统存在大流量小温差的现象，水泵流量及扬程比实际需要大得多；（2）由于水力平衡设备及恒温阀的设置，导致原供热系统的水泵流量及扬程满足不了实际需要。因此需要通过管网的水力计算来校核原循

环水泵的流量及扬程，使得设计条件下输送单位热量的耗电量满足现行居住建筑节能设计标准的要求。既有系统进行节能改造时，应根据系统实际运行情况，对原循环水泵进行校核计算，满足建筑热力入口所需资用压头。需要更换水泵时，锅炉房及热网的循环水泵，应选用高效节能低噪声水泵。设计条件下输送单位热量的耗电量应满足现行居住建筑节能设计标准的要求。

2. 采暖系统改造

采暖系统的改造主要包括热力入口的管道保温、热计量改造和室内采暖系统温控装置的改造等。

楼栋热力入口安装热计量装置，可以确定室外管网的热输送效率，并可以确定用户的总耗热量，作为热计量收费的基础数据。楼栋热计量装置的安装数量与位置应根据室外管网、室内计量装置等情况统筹考虑，在保证计量分摊的前提下，适度减少楼栋热量计量装置的数量。选择室内采暖系统计量方式应以达到热量合理分配为原则，考虑目前不同技术的成熟程度、应用效果等因素，室内采暖系统散热器宜安装电子式或蒸发式热分配表。有条件的地方可考虑安装具有无线远传功能的电子式热分配表，方便抄表收费。

当室内采暖系统需节能改造，且原采暖系统为垂直单管顺流式时，应充分考虑技术经济和施工方便等因素，可采用新双管系统或带跨越管的单管系统。当确实需要采用共用立管的分户采暖系统时，应充分考虑用户室内系统的美观性、方便性，并且尽量减少对用户已有室内设施的损坏。对于改造前已具备独立流量调节能力的末端形式建筑物和独立采暖的建筑物，不包括此项改造。

室内采暖系统改造应设性能可靠的分室温控装置，每组散热器的供水支管宜设散热器恒温控制阀。采用垂直单管跨越式系统时，散热器恒温控制阀应采用低阻力两通或三通阀，产品性能应满足现行行业标准《散热器恒温控制阀》JG/T 195 的要求。

室内采暖系统温控装置是计量收费的前提条件，为采暖用户提供主动控制、调节室温的手段。既有居住建筑改造时，宜将原有散热器罩拆除，确实拆除困难的，可采用温包外置式散热器恒温控制阀。改造后的室内系统要保证散热器恒温控制阀的正常工作条件，防止出现堵塞等故障，同时恒温控制阀应具有带水带压清堵或更换阀芯的功能。

室内采暖系统改造时应进行散热器片数复核计算和水力平衡验算，采取有效措施解决室内采暖系统垂直及水平方向的失调。

5.3.2　通风系统改造

建筑通风就是把建筑物室内被污染的空气直接或经过净化处理后排至室外，再将新鲜的空气补充进来，达到保持室内空气环境符合卫生标准要求的过程。可见，通风是改善空气条件的方法之一，它包括从室内排除污浊空气和向室内补充新鲜空气两个方面，前者称为排风，后者称为送风。实现排风和送风所采用的一系列设备、装置的总称为通风系统。通风系统可分为自然通风和机械通风。自然通风是利用房间内外冷热空气的密度差异和房间迎风面、背风面的风压高低来进行空气交换的；机械通风是使用通风设备向房间送入或排出一定数量的空气，进行空气交换和处理工作。

热压作用下的自然通风，是利用室内外空气温度的不同而形成的密度、压力差造成的室内外的空气交换。当建筑物受到风压和热压的共同作用时，在建筑物外围各开口部位上作用的内外压差等于其所受到的风压和热压之和。住宅同步新风系统采用负压通风方式，由安装在浴室卫生间的排风机，向室外排风，产生室内负压；根据大气平衡原理，室外新风通过外墙专设进风口，经隔尘降噪处理后进入室内。设置住宅同步新风系统，将有效地改善室内空气品质、保证人体健康舒适的同时，减少室内能量损失，达到节能环保、健康的目的。充分利用风压、热压作用下的自然通风是现代绿色环保建筑的重要内容之一，是改善室内空气质量、创造舒适环境优先采用的措施之一。

在进行既有居住建筑节能改造时，对建筑物厨房和卫生间已有的烟、风道进行检修，确保建筑原设计通风能力，是室内通风系统改造有效的技术措施。

5.4 厨卫设施改造技术措施

既有居住建筑节能改造的同时，应同时考虑建筑物厨房和卫生间的修缮及功能改进，提高其使用功能，改善居民居住环境的品质。

5.5 其他部位改造技术措施

5.5.1 楼梯间和外廊改造

严寒和寒冷地区将居住建筑的楼梯间和外廊封闭，是很有效的节能改造措施。由于不封闭的楼梯间和外廊，其分户门是直对室外的，也就是说一栋住宅楼中有多少户就有多少个外门。在冬季外门的开启会造成室外大量冷空气进入室内，导致采暖能耗的增加，因此外门越多对保温节能越不利。另外不封闭的楼梯间隔墙是外墙，将楼梯间封闭，其隔墙变为内墙，减少了外墙面积，将大大提高保温和节能的效果。

楼梯间不采暖时，对楼梯间隔墙采取保温措施，户门采用保温门可减少户内热量的散失，提高室内热环境质量。分隔采暖非采暖走道的户门，也是采暖房间散热的通道，应采取保温措施。一般住宅的户门都采用钢制防盗门，如果在门板内嵌入岩棉，既满足防火、防盗的要求，也可提高保温性能。

5.5.2 单元门改造

严寒和寒冷地区，在冬季外门的开启会造成室外大量冷空气进入室内，导致采暖能耗的增加。设置门斗可以避免冷风直接进入室内，在节能的同时，也提高了居住建筑门厅或楼梯间的热舒适性，还可避免敷设在住宅楼梯间内的管道受冻。加设门斗是一个很好的节能改造措施。单元门宜安装闭门器，以避免单元门常开不关，而造成大量冷空气进入室内，热量散失过大，增加采暖能耗。造成室内温度降低，管道受冻。利用节能改造的时机，将单元门更换为防盗对讲门，可起到防盗、保温节能一举两得的效果。

5.5.3　楼地面改造

楼地面的节能改造。如果既有建筑楼板下为室外如过街廊和外挑楼板，或底层下部为非采暖空间如下部为非采暖地下室，或与下部房间的温差≥10℃，如下部房间为车库虽然采暖，但室内温度很低，在这种情况下，如不作保温处理，采暖房间内的热量会通过楼板向外大量散失，不仅会降低室内温度，增加采暖能耗，而且还会产生地面结露的问题，因此，应对其楼板加设保温层，即将保温层置于楼板底部，可采用粘结、粘钉结合或吊顶方式；下层空间有防火要求时，保温材料和构造做法应满足该空间防火等级要求。

当地面的温度高于地下土壤温度时，热流便由室内传入土壤中。居住建筑室内地面下部土壤温度的变化并不太大，一般从冬季到春季仅有10℃左右，从夏末至秋天也只有20℃左右，且变化十分缓慢。但是，在房屋与室外空气相邻的四周边缘部分的地下土壤温度的变化还是相当大的。冬天，它受室外空气以及房屋周围低温土壤的影响，将有较多的热量由该部分被传播出去。对于直接接触土壤的非周边地面，一般不需作保温，其传热系数即可满足规范的要求；对于直接接触土壤的周边地面（即从外墙内侧算起2.0m范围内的地面），应采取保温措施，使其传热指数满足规范的要求。

仅就减少冬季的热损失来考虑，只要对地面四周部分进行保温处理就可以了。但是，对于江南的许多地方，还必须考虑到高温高湿气候的特点，因为高温高湿的天气容易引起夏季地面的结露。一般土壤的最高、最低温度，与室外空气的最高与最低温度出现的时间相比，延迟2~3个月（延迟时间因土壤深度而异）。所以在夏天，即使是混凝土地面，温度也几乎不上升。当这类低温地面与高温高湿的空气相接触时，地表面就会出现结露。在一些换气不好的地方和仓库、住宅等建筑物内，每逢梅雨天气或者空气比较潮湿的时候，地面上就易湿润，急剧的结露会使地面看上去像洒了水一样。

地面与普通地板相比，冬季的热损失较少，从节能的角度来看这是有利的。但当考虑到南方湿热的气候因素，对地面进行全面绝热处理还是必要的。在这种情况下，可采取室内侧地面绝热处理的方法，或在室内侧布置随温度变化快的材料（热容量较小的材料）作装饰面层。另外，为了防止土中湿气侵入室内，可加设防潮层。

5.5.4　阳台改造

严寒和寒冷地区的阳台宜进行封闭。封闭阳台的栏板及一层底板和顶层顶板均应作保温处理。

非封闭阳台的门应更换为保温门，如有门芯板应作保温型门芯板（即门板芯为保温材料），以提高阳台门的保温性能，以达到节约能耗、提高室内舒适度的目的。

5.6　结构安全保证措施

既有居住建筑由于建造年代不同，结构设计和抗震设计标准不同，施工质量也不同。在对围护结构进行节能改造时，可能会增加外墙和屋面的荷载，为保证结构安全，应对原建筑结构进行复核、验算；当结构安全不能满足节能改造要求时，应采取结构加固措施，以保证结构安全。因此，进行上述部位节能改造前，应进行建筑安全性能评估。

建筑安全性能评估主要包括基础、承重墙、阳台和屋面。应根据测试结果，确定是否需要进行加固。建议破坏性检测放在已确定改造的建筑中进行。

5.6.1 屋面结构安全

当需要对屋面进行节能改造时，为保证结构安全，应进行如下检查：

（1）查阅城建档案相关资料或设计图纸，明确屋面楼板的允许荷载。如果没有相关资料，可查阅该建筑建造时的设计标准，确定屋面楼板荷载允许值。

（2）对屋面原有防水层或保温层进行破坏性检验。破坏性检验应直接钎探到屋面楼板，一方面得到保温层材料种类和厚度、原有防水材料组成或者后期进行防水修缮后的各层材料组成及厚度；另一方面，通过观察可对查阅的屋面楼板允许荷载值进行复核，在计算时，需考虑原有保温层含水率的增加对屋面荷重的影响。

（3）经过查验和计算，当荷载允许时，原有屋面防水层完好，可在其上直接铺设保温板或现场发泡保温材料，然后做覆盖保温层；原有屋面渗漏严重的，应铲除原屋面防水层和找坡层，铺设隔汽层、保温层、找坡层、找平层和防水层。

荷载不允许时，需进行卸载。根据计算铲除原有屋面组成部分，重新铺设隔汽层、保温层、找坡层、找平层和防水层。

5.6.2 墙体结构安全

当通过对建筑物加层增加建筑面积来解决融资渠道时，需要对原有建筑物设计图纸进行复核，明确原设计的建筑物承载力以及由于加层而产生的荷载及抗震应力的变化，通过核算，确定是否可进行加层及节能改造，以确保建筑物的结构安全。

1. 安全性能检测

既有建筑已经使用一定时间，建筑的原有性能发生了改变，当不能明确目前建筑物的力学性能时，需要对建筑物进行性能检测。检测内容包括基础、梁、柱、板的混凝土强度和弹性模量，砌体的工作应力、弹性模量和强度鉴定，钢筋的老化和锈蚀程度。

（1）混凝土强度及弹性模量的测定

依据中国工程建设标准化协会标准《钻芯法检测混凝土强度技术规程》

CECS 03-2007（以下简称“钻芯法检测混凝土强度”），采用钻芯取样进行混凝土强度及弹性模量的测定。宜在结构或构件受力较小的部位、混凝土强度具有代表性的部位、便于钻芯机安装的部位、避开主筋、预埋件和管线的部位取芯样。

（2）砌体工作应力、弹性模量和强度的测定

依据国家标准《砌体工程现场检测技术标准》GB/T 50315-2000（以下简称“砌体工程检测标准”），采用扁式液压顶法和原位轴压法进行砌体工作应力、弹性模量和强度的测定，测试部位应具有代表性。该种方法仅适用于240mm厚普通砖砌体抗压强度测试。

建设单位应根据查勘和鉴定结果，委托设计单位进行核算，确定是否可进行加层及节能改造。

（3）砌体强度和砌筑砂浆强度鉴定

由于目前外墙外保温基本采用聚苯板（EPS）薄抹灰体系，与原建筑设计荷载相比，对原有建筑增加的竖向荷载很小。因此，当节能改造方案未涉及改扩建、只是进行建筑物外保温处理时，主要考虑墙面受到冻害、盐析、侵蚀损坏的状况。

当建筑物的建设年代比较久远，墙面受腐蚀损坏情况明显时，要对墙体的砌体强度和墙体砌筑砂浆强度进行鉴定。砌筑砂浆强度采用回弹法和射钉法进行鉴定。

依据《砌体工程检测标准》，采用回弹法或射钉法进行砌筑砂浆强度鉴定，根据测区数、检测单元的强度平均值、标准差、变异系数进行强度推定。

根据检测结果，按照《砌体工程检测标准》规定进行数据分析，得出砌体砂浆的强度。建设单位应根据查勘和鉴定结果，委托设计单位进行核算，确定是否可进行加层及节能改造。

2. 安全技术措施

当测得的砂浆强度等级不能保证改造中外保温工程基层强度要求时，需对基层进行加固补强。

5.6.3　阳台结构安全

因存量建筑中阳台的情况比较复杂，因此，对既有居住建筑进行节能改造时，阳台的结构安全查勘和检测至关重要。

1. 安全性能检测

（1）原阳台为敞开式。

封闭阳台改造将增加阳台栏板和封闭窗对原有结构承载力的影响，可采用堆砂或堆砖的方法检验阳台的承载能力。并对原来有栏板的部分，进行安全鉴定。

（2）原阳台为封闭阳台。

原阳台为封闭阳台时，原则上可只检查混凝土栏板的腐蚀和损坏情况。

2. 安全技术措施

（1）阳台封闭。

对不能满足节能改造增加荷载要求的阳台，需调整节能改造方案，或对阳台和栏板进行加固补强。

（2）原为封闭阳台的改造，可针对混凝土栏板的腐蚀和损坏情况，对损坏之处进行修缮加固，并根据节能设计方案确定是否更换阳台窗。

第三篇

节能改造案例分析

第六章　城镇居住建筑节能改造

6.1　北京市惠新西街 12 号楼节能改造项目

6.1.1　项目概况

1. 12 号楼基本情况

惠新西街 12 号楼位于朝阳区惠新西街，紧邻北四环，距奥运主会场鸟巢 2km，总建筑面积约 11000m^2，共 18 层，合计 144 户。该建筑建于 1988 年，为内浇外挂预制大板结构。建造时的设计标准无节能要求，目前此类结构型式已被淘汰，相关设计图纸已缺失。现场查勘发现，该建筑物已使用 20 年，虽经几次维修，但其外墙一些区域出现渗漏、破损，部分墙体结露发霉，冬季室内温度低、住户投诉频繁，属于北京市典型的非节能住宅，见图 6-1。

2. 围护结构传热系数

（1）外墙传热系数

外墙为 280mm 厚陶粒混凝土预制板，现场实测得到传热系数为 2.04W/（m^2·K），远高于北京市地方标准《居住建筑节能设计标准》DBJ 01-602-2004（以下简称"《北京市 65% 节能设计标准》"）规定的限值 0.60 W/（m^2·K）的要求。

（2）屋面传热系数

原设计屋面设有 250mm 厚加气混凝土层，具体构造不详，实测的传热系数为 1.26 W/（m^2·K）。《北京市 65% 节能设计标准》规定限值为 0.60 W/（m^2·K），不能满足要求。

图 6-1　惠新西街 12 号楼改造前北立面外观

3. 室内舒适度

部分住户反映外墙出现渗漏和结露发霉现象。经红外热成像仪检测，结露发霉处的外墙内表面温度在 9℃左右，比相邻处外墙内表面温度低 2~3℃。表明该处外墙存在热工缺陷，严重影响外墙保温效果，因此住户的舒适度较差，不少住户反映冬天室内温度过低，需穿棉袄，开电暖器。

4. 耗热量指标

为准确了解建筑采暖能耗情况，采用便携式超声波流量计检测建筑物实际能耗。检测结果是12号楼的耗热量指标为78.6kWh/m^2（26.2 W/m^2），高于北京30%节能标准（75.9kWh/ m^2），因此，12号楼属于非节能建筑，需要对其进行节能改造。

6.1.2 改造原则及方案

1. 改造设计原则

本着“全面保温、综合改造”的原则，进行惠新西街12号楼节能改造设计。改造包括建筑围护结构、采暖和通风系统，分别采用外墙外保温技术、屋面保温防水技术、节能门窗技术、室内采暖系统改造技术、室外管网改造技术、热源节能改造技术以及住宅同步新风技术七项技术。其中，外墙外保温和住宅同步新风系统全套引进了德国技术、产品。在引进德国先进的理念、材料和技术的基础上，通过消化、吸收和应用，总结出先进、合理、可行的既有建筑综合节能改造成套技术，大大提升了国内既有建筑综合节能改造的技术水平。

2. 改造方案

（1）设计目标

既有建筑能耗情况复杂，现行节能设计标准中尚无专门针对既有建筑的节能专项要求。因此，本工程设定节能改造后采暖能耗达到《北京市65%节能设计标准》建筑物的耗热量指标要求，见表6-1。在此前提下，在节能设计标准限值的基础上根据改造工程实际情况，经热平衡计算确定围护结构各部位传热系数指标。同时，应满足改造后实现能耗分区分室可计量，为今后供暖体制改革做好技术准备。

北京65%节能设计标准要求 **表6-1**

设计参数	单位	限值
建筑物耗热量指标	W/m^2	14.65（约合43.95kWh/m^2）
外墙传热系数	W/（m^2·K）	0.60
屋面传热系数	W/（m^2·K）	0.60
外窗传热系数	W/（m^2·K）	2.8

（2）改造前设计参数

惠新西街12号楼所在地北京气候分区属于寒冷地区，采暖设计参数如表6-2所示。

北京地区采暖设计参数 **表6-2**

设计参数	单位	参考值
采暖期天数（Z）	d	125
室外平均温度（t_e）	℃	−1.6

续表

设 计 参 数	单　　位	参 考 值
室内平均温度（t_i）	℃	18
平均相对湿度（ϕ_e）	%	50
度日数（D_{di}）	℃·d	2450

（3）技术措施

12 号楼节能改造采用了外墙外保温等七项适用的技术。

1）外墙外保温

① 外墙保温采用粘贴膨胀聚苯板薄抹灰涂料饰面做法。膨胀聚苯板厚度为 100mm，考虑了外保温系统防火安全要求，窗口增设防火隔离带。外保温含窗井部分。见图 6-2、图 6-3。

② 地下一层外墙采用内保温做法，50mm 保温浆料。

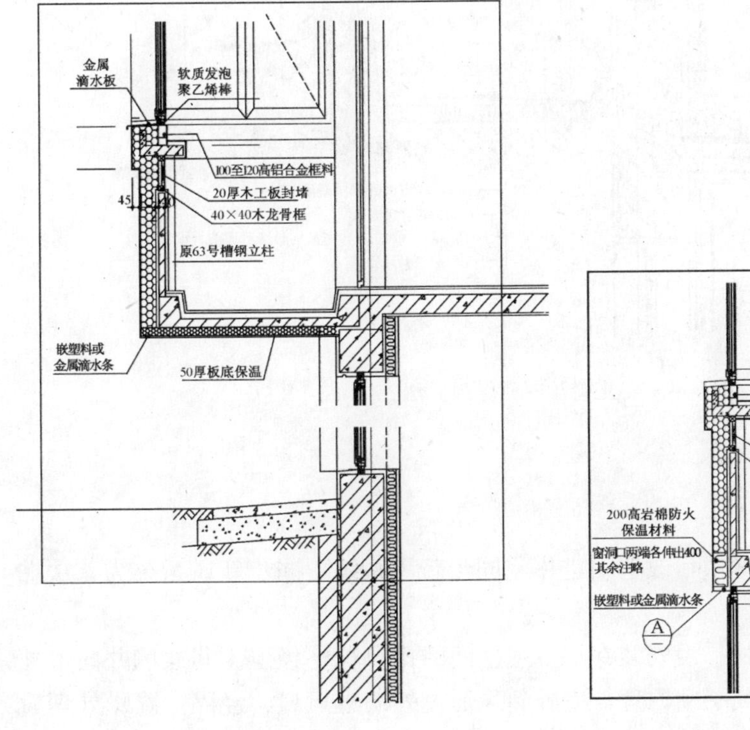

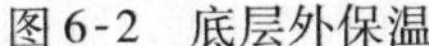

图 6-2　底层外保温

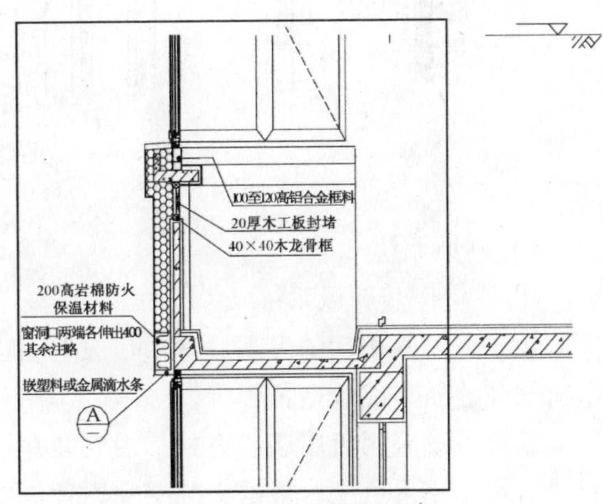

图 6-3　标准层外保温及防火构造

2）外门窗

① 更换全楼外窗，符合现行节能标准要求。户内外窗选用内平开断桥铝合金型材窗，公共走廊外窗选用同系列旋开窗；

② 外门窗洞口，窗口上沿采用岩棉板设置 200mm 高防火隔离带，宽度超出窗两侧

300mm。窗台构造满足防水、防渗、保温要求，加设金属挡水板（两侧带翻边）；

③ 首层和二层安装防盗网，位置在结构窗洞内（三层以上不安装）；

④ 更换防火门。

3）屋面

屋面在原保温、防水构造的基础上，屋面增设60mm厚挤塑板，上加铺防水层一道。屋面上设备暖沟及女儿墙均做保温处理。女儿墙及屋面保温做法见图6-4。

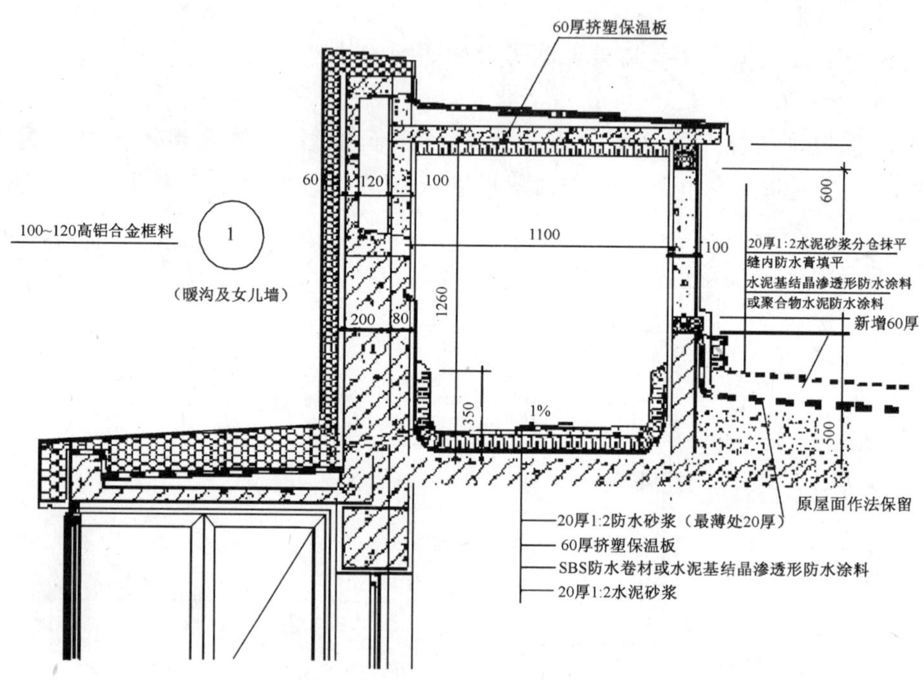

图6-4 女儿墙及屋面保温做法

4）新风系统

① 住宅同步新风系统

由于外窗气密性的提高，本项目改造引进住宅同步新风系统。同步新风系统为首次在既有居住建筑节能改造工程中。

新风系统采用负压通风方式，由安装在浴室卫生间的排风机，经卫生间通风井向室外排风，产生室内负压；根据大气平衡原理，室外新风通过外墙进风口，经隔尘降噪处理后进入室内。同步新风系统可以在有效改善室内空气品质、保证人体健康舒适的同时，减少室内能量损失，达到节能、环保、健康的目的。

② 无动力风机

在12号楼屋面5个卫生间通风井出口处（每层共8户，其中3个通风道为2户共用）安装无动力风机。无动力风机在空气流动时自行转动，可加速卫生间通风道内的气体向上流动，保证新风系统的换气功能及效果。

5）热源改造

小区热源于2001年进行改造，更换为以天然气为燃料的32台斯朗特芬大气式模块锅炉。锅炉热源一次侧、二次侧之间采用板式换热器连接，二次侧采暖供回水温度为70℃/55℃，供热效率为72%，高于《北京市65%节能设计标准》中对锅炉供热效率的要求。模块锅炉自带气候补偿装置可根据设定的住宅室内温度及室外温度的变化调节模块炉的启停台数，从而达到改变一次侧供水温度的目的，基本已达到目前热源的节能要求。

此次改造的主要项目是：

① 调整气候补偿装置的摆放位置，将其放置在锅炉房北墙外高约2.5m处。

② 在热源二次侧加热计量总表，加过滤装置。

6）室外管网改造

小区热源所供热用户为12号楼以及与之面积、高度完全相同的另外3栋住宅楼，其中12号楼离热源最近。

此次改造主要内容是：

① 在小区热力管网各楼热力入口处，均安装了自力式流量平衡阀，有效降低由于外网水力不平衡所造成的热损失。

② 在各楼热力入口处安装了热计量装置及水质过滤装置。

③ 为了解决室内管网改造的系统阻力增大问题，在12号楼热力入口处增设了二次加压泵。

④ 在12号楼热力入口处加设自动三通调节阀，利用设定设置在系统最不利房间的温度传感器的温度（按18℃设定），调节楼内系统的总体供热流量。主要是为了避免围护结构保温后引起的室内过热或开窗散热导致的保温不节能现象，使改造后的户内供热量能够切实降低。利用电动三通调节阀的旁通使外网仍保持定流量系统。

7）室内采暖系统改造

① 12号楼地上部分（住宅）供热系统上、下区均改为上供下回垂直单管加跨越管系统；地下一层增加采暖系统，系统形式为上供上回双管；地下二层为人防层，仍维持原系统不变。

② 楼内原有散热器均改为钢制扁管散热器；地下一层每个采暖房间增加一组相同的散热器。所有散热器外一律不加装装饰罩。

③ 住宅部分每组散热器均安装直通低阻温控阀，实现分室可控温。

④ 楼内采暖系统地下一层和地下二层采暖系统分支处，均安装热力计量分表和流量调配阀；住宅部分所有散热器均安装热分配表实现分户可计量。

8）其他

为配合上述改造以及改善居住环境质量，同时进行的改造内容如下：

① 空调机拆、移、装；

② 拆除墙体附属结构，包括护栏和遮阳篷等；

③ 楼梯走廊粉刷，增加入口门，修整防火门，检查完善公共区域照明；

④ 统一安装窗护栏；

⑤ 楼内过道中的排烟管延长至楼外。

（4）节能改造前、后相关理论计算数值对照

12 号楼建筑节能参数与《北京市 65% 节能设计标准》要求见表 6-3。

主要建筑节能指标和北京市 65% 节能设计标准要求　　表 6-3

分项名称	建筑物耗热量指标（W/m^2）	采暖设计热负荷指标（W/m^2）	采暖耗煤量指标（kg/m^2）	外墙 K 值 $[W/(m^2 \cdot K)]$	外窗 K 值 $[W/(m^2 \cdot K)]$	屋顶 K 值 $[W/(m^2 \cdot K)]$
改造前	25.9［约合 77.7 $kWh/(m^2 \cdot a)$］	67.5［约合 202.5 $kWh/(m^2 \cdot a)$］	19.5（约合 18.8L 燃油）	2.46	6.4	1.07
改造后	12.01［约合 36.03 $kWh/(m^2 \cdot a)$］	26.3［约合 78.9 $kWh/(m^2 \cdot a)$］	7.23（约合 6.97L 燃油）	0.42	2.8	0.37
北京市标　准	14.65［约合 43.95 $kWh/(m^2 \cdot a)$］	32［约合 96 $kWh/(m^2 \cdot a)$］	8.82（约合 8.5L 燃油）	0.60	2.8	0.60

节能改造后的外围护结构传热系数及建筑物耗热量等指标均符合《北京市 65% 节能设计标准》中节能标准的要求。

6.1.3　节能改造内容及施工工艺

1. 改造内容

根据设计方案，项目改造主要包括围护结构、采暖系统和新风系统三方面的内容，共采用了 7 大项改造技术。具体内容如下：

（1）围护结构：外墙外保温技术
　　　　　　　屋面保温防水技术
　　　　　　　节能窗技术

（2）采暖系统：室内采暖系统改造技术
　　　　　　　室外管网系统改造技术
　　　　　　　热源改造技术

（3）通风系统：住宅同步新风技术

2. 外墙外保温施工工艺

12 号楼的外墙外保温改造的全套技术、材料和现场指导由德国外保温公司提供。施工进场前，项目专门组织现场技术员和工人代表赴德国外保温公司进行技术培训，了解和熟悉外保温体系的做法和步骤，同时在施工现场配备专业技术人员对工人进行示范和指导，确保每个工人都能熟练掌握施工技巧。

与国内做法相比，德国外保温系统更加注重细节的处理，采用包括底部托架、阴阳角、窗口滴水檐、金属窗台板、窗口侧边膨胀密封条、防火隔离带和燃气热水器排气管隔热共七项节点处理新技术。这些技术实用、方便、高效，并首次在国内既有建筑节能改造中采用。

（1）外保温主墙面做法

外保温系统基本构造见图 6-5。

（2）施工工艺

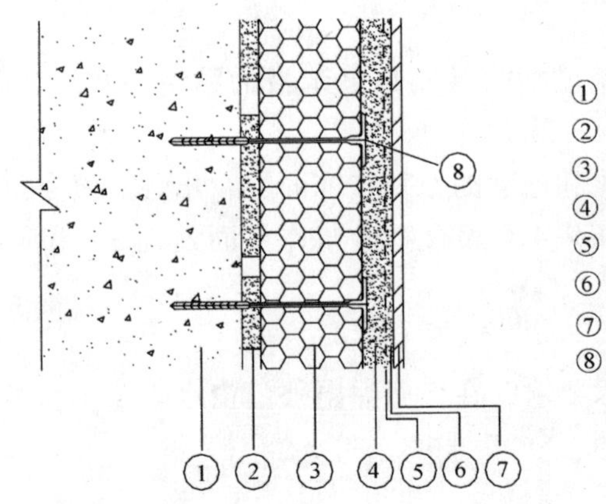

图6-5　外墙保温基本构造

外保温的施工工艺流程如下：

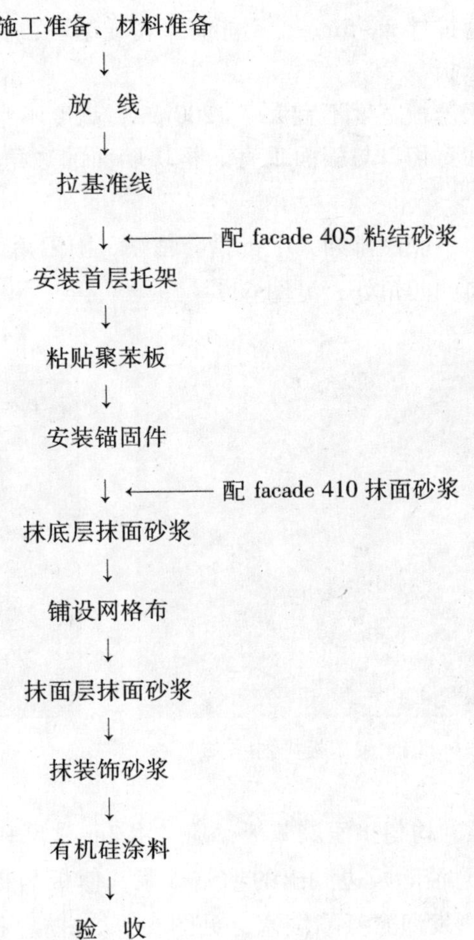

①施工准备

本项目为改造工程，故需对外墙外表面进行检查，通过检测确认其与所用粘结砂浆是否达到应有的粘结强度。

根据试验结果，采用对原墙面进行清洗后直接粘贴聚苯板的粘结方式。为确保安全，粘结面积≥50%。

基面清洗时，应彻底清理爆皮、粉化和松动的原外装饰面层，出现裂缝空鼓的抹灰面层，修补缺陷，加固找平。首先使用 facade 410 聚合物砂浆作界面处理 3～4mm 横纹齿状条纹，然后用 S06 砂浆找平。

②放线

根据建筑立面设计和外墙外保温技术要求，在墙面弹出外门窗水平、垂直控制线及装饰线条、装饰缝线等。

③拉基准线

在建筑外墙大角（阳角、阴角）及其他必要处挂垂直基准线，每个楼层适当位置挂水平线，以控制聚苯板的垂直度和平整度。

④配粘结砂浆 facade 405

25kg 装外墙外保温聚合物粘结砂浆 facade 405 的加水量为 4.5～5.0kg，采用干净的自来水。机械快速搅拌 3～5min，不能有干粉或结块，静置 10min 后再轻轻搅拌即可使用。

⑤粘贴聚苯板

外保温用聚苯板宽度不宜大于 1200mm，高度不宜大于 600mm，局部不规则处可现场裁切，但必须注意切口与板面垂直。整块墙面的边角处应用最小尺寸超过 300mm 的聚苯板，见图 6-6。

排板时按水平顺序排列，上下错缝粘贴，阴阳角处应做错槎处理；聚苯板的拼缝不得正好留在门窗口的四角处，见图 6-7。

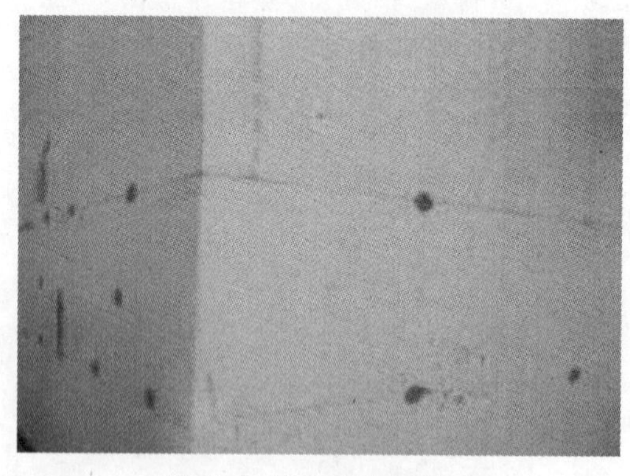

图 6-6　墙角聚苯板排列

图 6-7　窗口聚苯板排列

粘板应轻柔、均匀挤压聚苯板，随时用 2m 靠尺和托线板检查平整度和垂直度，见图 6-8。粘板时注意清除板边溢出的粘结砂浆，使板与板之间无“碰头灰”。板缝拼严，缝宽超出 2mm 时用发泡聚氨酯填塞，见图 6-9。拼缝高差不大于 1.5mm，否则应用砂纸或专用打磨机具打磨平整，打磨后清理表面，使之无浮颗粒。

图6-8 检查聚苯板平整度

图6-9 聚苯板缝密封

⑥安装锚固件

本项目使用了断桥锚栓。锚栓安装应在聚苯板粘贴至少24h后进行。打孔深度按设计要求，钻锚固孔洞深度≥18cm。猛拉钻孔机几次，除去钻孔内的所有粉末。做涂料系统时，拧入锚固钉，锚固件压盘宜压住聚苯板的边角处。

锚栓的数量，标高在50m以下的不宜少于4个/m²；标高在50m以上的不宜少于6个/m²。锚栓宜均匀分布，靠近墙面阳角的部位可适当增多，见图6-10。

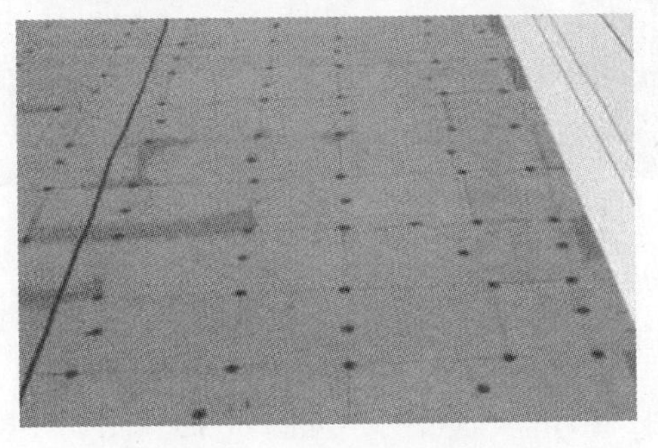

图6-10 锚栓排列示意图

⑦配抹面砂浆 facade 410

配制外墙外保温用聚合物砂浆 facade 410 时应有专人负责，严格计量，机械搅拌，确保搅拌均匀。25kg装外墙外保温用 facade 410 聚合物砂浆的加水量为4.5~5.0kg，应采用干净的自来水。机械快速搅拌4~5min。

⑧抹底层抹面砂浆 facade 410

抹面层之前，要仔细检查保温板表面是否干净，所有的污垢和灰尘都应该被清除掉。保温板的表面是否平整均匀，所有不平整之处都应该被去掉。

聚苯板安装完毕检查验收后进行聚合物砂浆抹灰。抹灰分底层和面层两次进行。在聚苯板面抹底层抹面砂浆，厚度4~5mm。门窗口四角和阴阳角部位所用的耐碱玻纤网格布随即压入砂浆中。

聚苯板安装完毕后，其底层抹面砂浆施工应在20天之内进行。

⑨铺设网格布

在底层抹面砂浆可操作时间内，将网格布绷紧后贴于底层抹面砂浆上，用抹子由中间向四周把网格布压入抹面砂浆中，要平整压实，严禁网格布褶皱。铺贴遇有搭接时，搭接长度必须满足横向不少于100mm、纵向不少于80mm的要求。

⑩抹面层抹面砂浆 facade 410

在底层抹面砂浆凝结前抹面层抹面砂浆，厚度2mm。抹面砂浆总厚度不应小于6 mm。面层砂浆切忌不停揉搓，以免形成空鼓。

砂浆抹灰施工应在自然断开处（如伸缩缝、挑台等部位）间歇，以便于后续施工的搭接。在连续墙面上应上下配合施工，一定要实现湿碰湿搭接，否则会留下永久性印痕。如需停顿，面层砂浆不应完全覆盖已铺好的网格布，需与网格布、底层砂浆形成台阶形坡槎，留槎间距不小于150mm，以免网格布搭接处平整度超出偏差。

⑪外饰面作业

待抹面砂浆基面达到饰面施工要求时可进行外饰面作业。

3. 主要节点处理

（1）首层托架设置

基面处理完毕后，粘贴聚苯板之前，在首层聚苯板起步处，安装不锈钢金属托架，见图6-11。托架为聚苯板提供了一个基准面，避免聚苯板粘贴后向下流坠，保证起始聚苯板在同一个水平面上，有利于聚苯板排列整齐，见图6-12。

图6-11 起步托架

图6-12 托架安装效果图

（2）阴、阳角处理

在聚苯板安装完毕后，抹底层砂浆之前，在阴、阳角预埋角网，见图6-13、图6-14。预埋角网降低了阴阳角抹灰难度，容易保证施工质量，见图6-15。

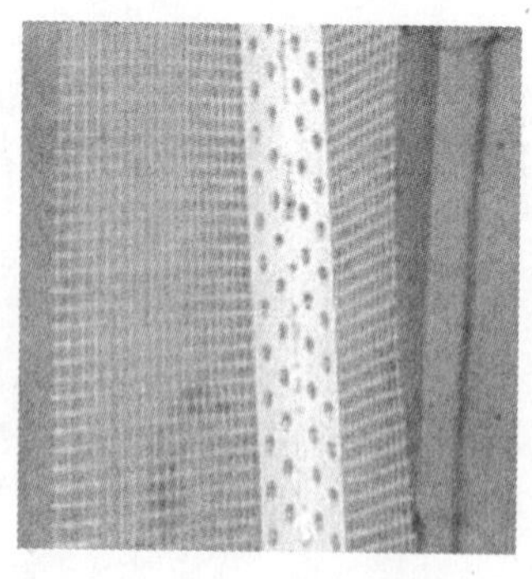
图6-13 角网

图6-14 预埋角网施工图

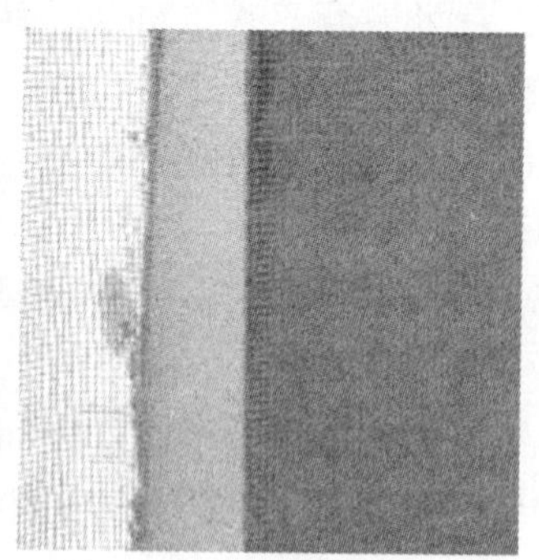
图6-15 安装效果图

（3）窗口滴水檐处理

本工程采用预埋滴水檐预制件的做法，方便、高效地解决了窗口滴水檐处理问题。预埋滴水檐时应及时调整滴水檐位置，避免用抹刀直接压抹滴水沿条，防止滴水檐条压入砂浆失去作用，见图6-16。

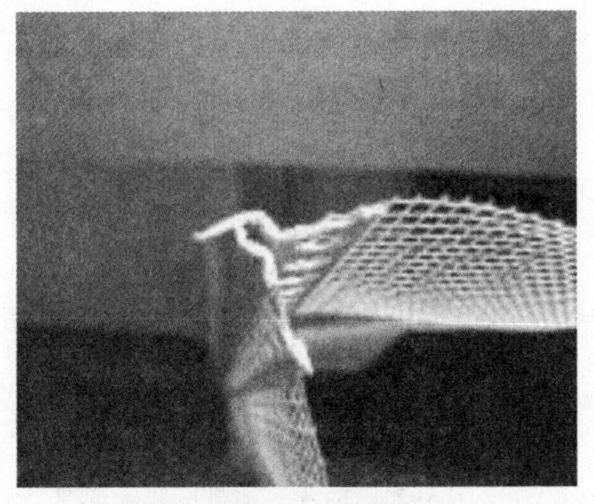

图6-16　滴水檐

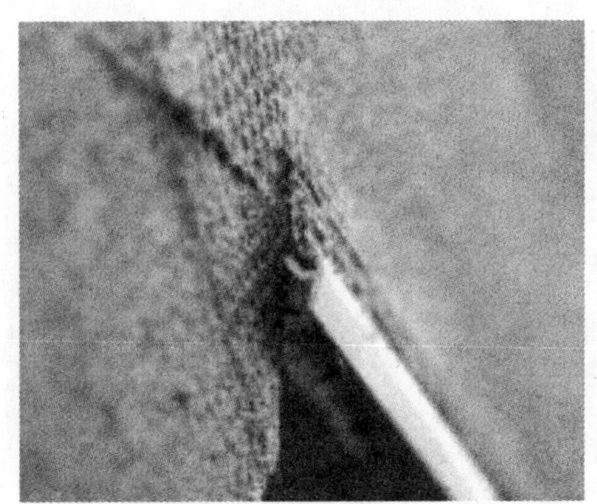
图6-17　安装效果

（4）窗台处理

普通窗台处理方法，见图6-18。该做法施工复杂，处理稍有不当，易形成质量通病，造成水从窗户和外保温之间渗入 。该项目采用预制窗台板做法，见图6-19。

预制窗台板做法具有如下优点：

①金属窗台板有滴水鹰嘴将雨水直接导流至地面，避免雨水沿窗口流下污染墙面。

②窗台板与窗框节点采用膨胀密封条和硅酮胶双重防水处理，防水性能优异。

③金属窗台板增加了窗台的承载能力。

④窗台板底部先做保温，解决了热桥问题。

窗台板安装完毕的效果，见图6-20。

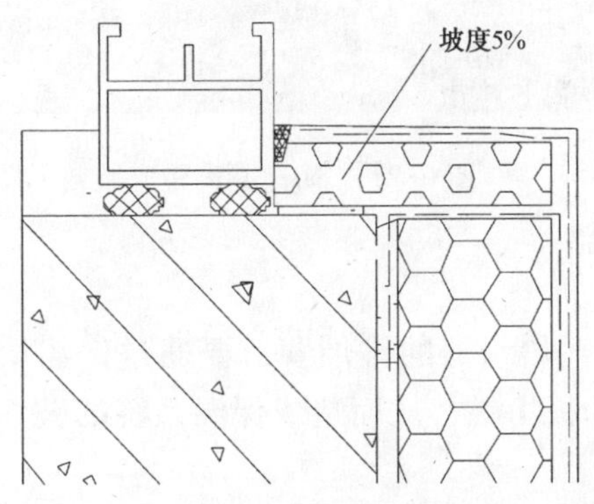

图6-18　普通窗台处理方法

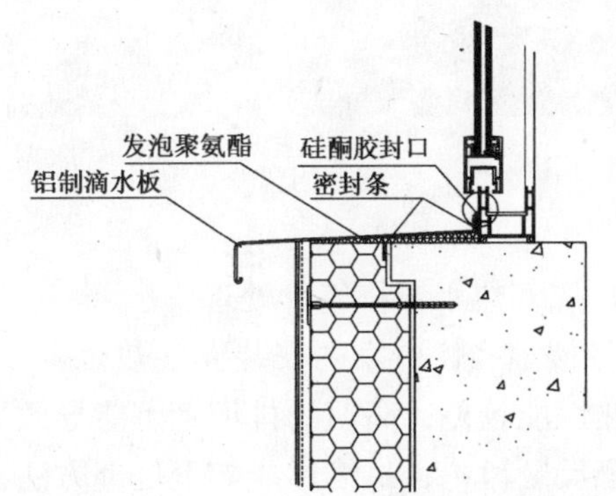

图6-19　本工程窗台处理方法

（5）窗洞口侧边处理

在保温层和窗口侧边的节点上增加了膨胀止水密封条，提高了节点的防水性能。

（6）防火隔离带

该工程在国内首次考虑了既有居住建筑节能改造外保温防火问题，在窗口设置了防火隔离带。

图6-20 窗台板安装完毕效果图

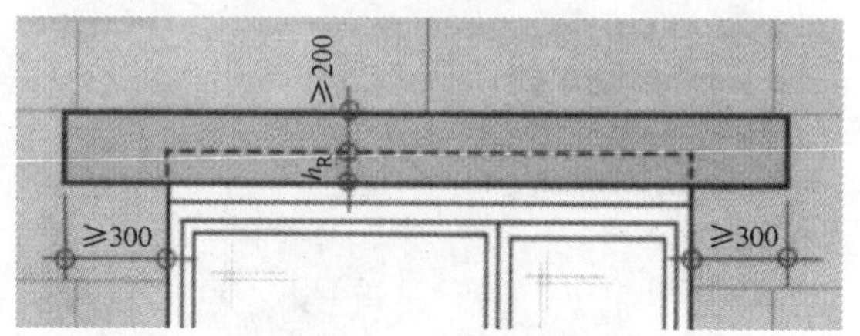

图6-21 防火隔离带设置示意图

防火隔离带设置要求，见图6-21。防火隔离带采用导热系数与聚苯板相近、防火性能优异的岩棉板。一旦发生火灾，岩棉构成的防火隔离带将延缓窗口火势向上蔓延，为住户从窗口逃生提供时间，见图6-22、图6-23。

图6-22 岩棉专用锚拴

图6-23 防火隔离带安装效果图

（7）燃气热水器排气管处理

12号楼很多住户家中安装燃气热水器。燃气热水器的排烟管道要通过保温层。聚苯板的耐热性能较差，高温的排烟管可能导致聚苯板熔融，从而造成保温系统的破坏。经与德方专家反复讨论，最终形成如下处理方法：

在排烟管周围250mm×250mm范围内，用岩棉板取代聚苯板，用两层防火布包裹排烟管，按照排气管尺寸在岩棉板预留排烟洞口，洞口稍小于排气管，岩棉板两侧抹好砂浆后压入。

4. 屋面保温技术

屋面改造包括屋面的保温、天沟和女儿墙的保温及面层防水和排水四部分内容。由于设备间的设备运行年限已久，需要经常维修，原设计不上人屋面难以满足要求，因此屋面保温垫层由20mm厚水泥砂浆变更为30mm厚C20豆石混凝土。同时考虑到混凝土对屋面的压力增大，可能破坏原防水层，为消除隐患，在垫层上重新做防水一道，见图6-24。

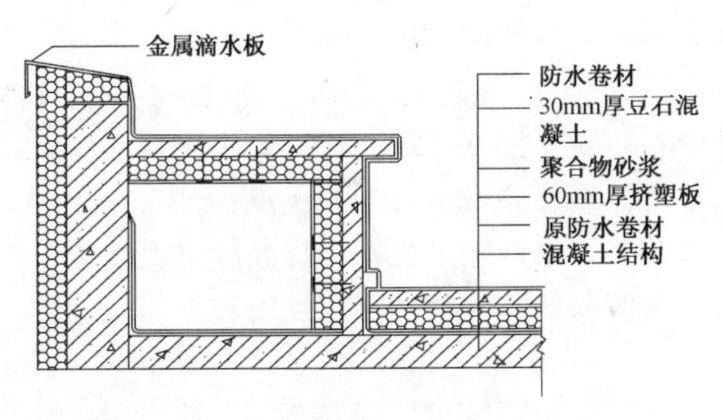

图6-24 屋面保温构造图

(1) 屋面保温

屋面采用倒置与正置结合的保温方式。为避免施工中遇雨造成顶层住户损失，确保防水效果，原屋面的防水保留，直接在防水上面加铺保温板。选用60mm厚舒泰龙保温板作为保温材料，其导热系数为0.28W/(m·K)，吸水率为0.24%，可以确保屋面的保温效果。

保温材料与基层连接采用粘结方式。基面清理后，用聚合物砂浆做粘结剂，将保温板粘贴于屋面基层之上，然后在保温板上表面抹聚合物砂浆防护层，并加设玻璃纤维增强网。防护砂浆终凝后，进行豆石混凝土垫层施工。混凝土采用现场拌合。到场原材料送具有相应资质的试验室进行试配试验，严格按照试验室提供的配比通知单进行现场拌合，按顺序分段浇筑。垫层成品表面平整、洁净、无裂缝。

(2) 天沟及女儿墙保温

①天沟保温做法

由于天沟结构内壁平整度较差，不宜采用粘结法，所以将舒泰龙挤塑板与结构采用固定件连接，将保温板裁成相应的尺寸，用$\phi8\times100$mm固定件固定于天沟顶板及侧壁内侧。固定件密度为4~5个/m^2。

②女儿墙保温做法

保温板与结构采用粘钉结合连接方式。用聚合物砂浆将保温板粘结在女儿墙顶部，再打锚固件进行固定，然后做聚合物砂浆防护层。

(3) 女儿墙顶排水

与窗台的处理类似，女儿墙顶加装铝合金滴水板。女儿墙保温施工完毕24h后，可开始安装滴水板。滴水板用锚固件进行固定。锚固件穿过金属板和挤塑板，进结构墙体约40mm。金属板向墙内侧呈10%坡度，锚固件孔处用密封胶密封，金属板之间用连接片连接。

(4) 面层防水处理

当混凝土垫层达到14天强度后，在屋面加做防水卷材一道。卷材覆盖屋面、天沟及女儿墙顶面，消除了改造后可能出现的屋面渗水、漏水等隐患。

5. 外窗改造技术

原建筑外窗为内平开中空PVC塑料窗。为保证12号楼的节能改造效果，考虑到12号楼住户大部分已经自行更换为推拉或平开的PVC塑料窗，且质量良莠不齐，项目组最终选择了断热铝合金内平开窗，公共部分采用断桥铝合金旋开窗。

(1) 铝合金型材断热

铝合金的导热系数很大，但通过聚氨酯灌注技术进行断热处理后，大大降低了窗框型材的传热系数。由灌注式断桥铝合金门窗型材和（5+15+5）mm的中空玻璃组成的外窗，完全能达到现行节能标准的要求。型材利用铝合金强度高的特性与聚氨酯的传热系数低的特性，两者优势互补，具有保温、美观、耐久和环保的优点。

（2）外窗安装

外窗安装方式有两种：居中安装和靠外侧安装，见图6-25和图6-26。国内传统的建筑外窗安装，基本为居中安装。与居中安装相比，靠外侧安装有如下优点：

①靠外侧安装省掉了外侧窗框的保温处理环节，降低施工成本，提高施工速度；

②靠外侧安装不存在外侧窗框这个保温效果薄弱部分，整体保温性能较好。

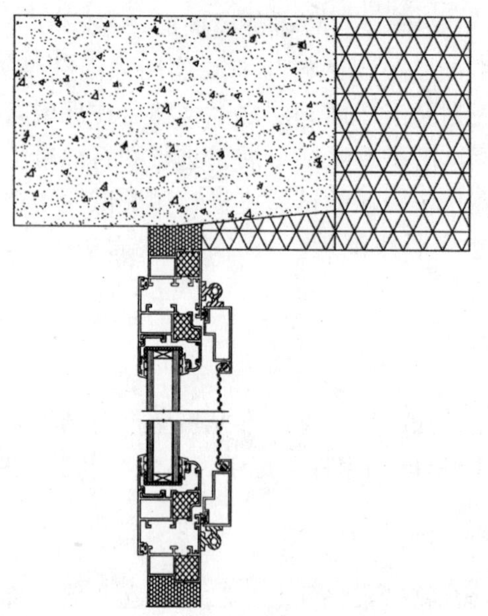

图6-25 外窗居中安装

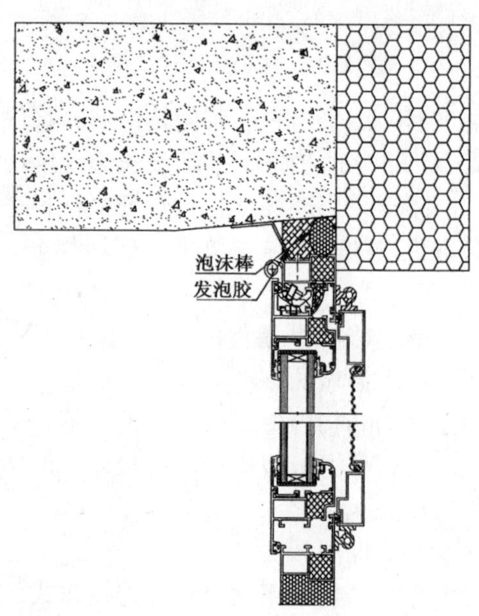

图6-26 外窗靠外侧安装

在国外的节能改造施工中，窗户都靠外侧安装。起初窗户厂家阻力很大，担心窗墙结构缝渗水。项目组经认真分析研究，采纳了德方专家意见，采用了靠外侧安装技术。

该项目原则上窗户靠外侧安装，如遇特殊情况也可以居中安装，但外侧窗框必须进行保温处理。住户室内为内平开窗，公共部分采用了旋开窗（主要考虑空间较小，为了便于通行）。

窗户与外墙平齐安装时一定要做好结构缝的密封处理。建议采用膨胀密封条，内侧在聚氨酯发泡填充后用硅树脂再做一套密封。

（3）安装工序

安装工艺流程：准备工作→测量放线→门窗准备→钻窗框安装孔→安装固定片→窗框固定→装窗扇并调整→塞泡沫条做框密封→装零配件→检查清洗→验收。

门窗安装后要认真做好成品保护，及时检查保护膜有无脱落。已安装门窗的洞口禁止作运料通道，严禁在门窗上安装脚手架，悬挂重物，严禁蹬踏窗框、窗扇、窗撑。交叉作业时严禁碰撞门窗，检查所用门窗各项指标及零配件，做到无遗漏，用清水对所有门窗进行清洗。在粘贴聚苯板前，务必揭掉窗框外侧的保护膜。

6. 新风系统

本次既有建筑节能改造中引进住宅同步新风系统，见图 6-27。同步新风系统的设置，有效地改善了室内空气质量，在保证人体健康、舒适的同时，减少室内能量损失，达到节能环保健康的目的。

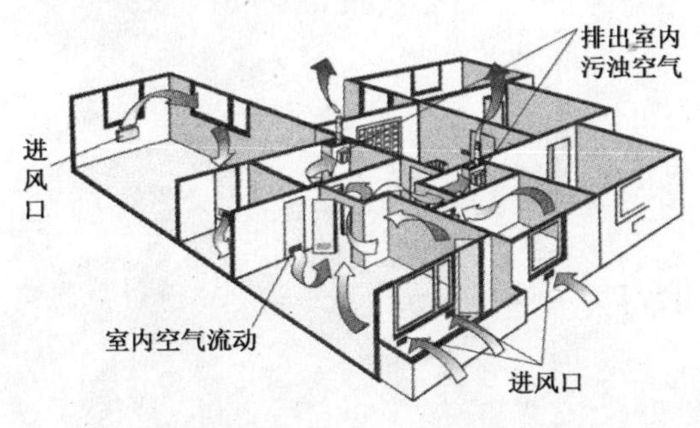

图 6-27　新风系统工作原理图

7. 室外管网改造

室外管网改造中采取了如下技术措施：

（1）在小区热力管网各楼热力入口处，均安装自力式流量平衡阀，安装热计量装置及水质过滤装置。

（2）热力入口处增设二次加压泵。以解决由于 12 号楼进行室内管网的改造，系统阻力增大的问题。

（3）在 12 号楼热力入口处加设电动三通调节阀，利用设定设置在系统最不利房间的温度传感器的温度，调节楼内系统的供热流量。

（4）利用电动三通调节阀，使外网系统保持定流量。

（5）由于仅该楼内的采暖系统通过改造改为变流量系统，通过在系统入口加设旁通装置保证了楼外热网仍为定流量系统。

8. 室内管道系统改造

采暖管道系统改造设计为垂直双管系统。由于对系统进行改造需经全体住户同意方可实施，而住户意见在短期内不能完全统一，无法保证工期。另外，双管系统施工存在一定的技术难度，垂直单管加跨越管系统供热效果虽比双管系统稍差一些，但通过加跨越管、散热器温控阀已能改善原单管系统垂直失调问题。经综合考虑，更改原设计为垂直单管加跨越管系统。具体改造内容如下：

（1）楼内地上住宅部分供热系统上下区均改为上供下回垂直单管加跨越管系统；楼内地下一层增加采暖系统，系统形式为上供上回双管；楼内地下二层为人防层仍维持原系统不变。

（2）楼内原有散热器均改为钢制扁管散热器，楼内地下一层每个采暖房间增加一组散热器，种类相同。所有散热器一律不得加装暖气罩。

（3）住宅部分每组散热器均安装单管低阻温控阀。

（4）楼内大系统地下一层和地下二层采暖系统分支处，均安装热力计量分表，安装流量调配阀。楼上住宅部分所有散热器均安装热分配表。

9. 节能改造后外观

12 号楼节能改造施工中和节能改造后的外观，分别见图 6-28 和图 6-29。

图 6-28　施工中的 12 号楼

图 6-29　改造后的 12 号楼

6.1.4　项目施工组织和质量管理

1. 组织和管理

在项目启动前成立了包括项目领导小组、项目执行办公室和设计部、施工部、群众工作部、技术推广部等职能部门在内的一套完整的组织机构体系，见图 6-25。同时建立例会制度，完善了项目协调管理和汇报沟通机制，形成一套行之有效的监督管理体制和快速解决问题程序。

项目实施组织机构分工如下：

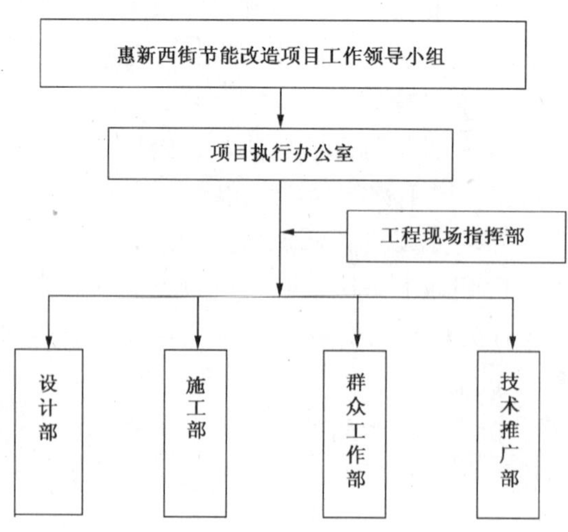

（1）节能改造项目领导小组职责。负责项目的总体规划、政策制定、项目执行情况的监督和管理。

（2）项目执行办公室职责。全面负责项目的运作，执行领导小组制定的各项政策，领导和管理各部门工作，综合协调各方的关系。负责项目预算、成本控制和资金管理；招投标管理；对外协调；文秘、后勤等相关工作。

（3）工程现场指挥部职责。全面负责示范工程现场实施的现场指挥，执行项目办公室制定的各项政策，综合协调各方关系。

（4）设计部职责。负责设计方案的制定、施工图设计和施工变更的洽商和调整，配合招投标和后期检测工作。

（5）施工部职责。负责施工计划、施工组织、施工进度、施工质量和施工安全；协调解决施工过程中的技术问题；负责工程资料的收集、整理和归档，负责工程信息的收集和整理；负责对施工技术人员和施工工人进行培训；负责工程量、材料用量和服务工作的审核。

（6）群众工作部职责。入户调查和资料收集；与住户签订节能改造协议，收取居民承担的改造费用；配合施工部门负责施工过程中居民的协调工作。

（7）技术推广部职责。负责两部视频录像的编辑和制作，包括技术集成片和项目宣传片，负责技术总结报告和项目总结报告等相关文字工作。

2. 质量管理

项目正式启动后增设了现场指挥部，全面负责现场指挥、组织和协调工作。指挥部克服工期紧，任务重等因素的影响，精心组织各工种、各工序的作业，对工程的安全、质量和进度实行全面管理和严格控制。在现场专设专家小组，负责协商解决施工过程中出现的技术问题。

在二期改造中，现场指挥部根据入户操作较多、天气变化频繁等特点，指挥部将现场管理任务进行分解细化，在选派业务精通、经验丰富的管理人员分别负责工程现场采暖系统施工和屋面施工工作的同时，专门抽调人员负责与住户的沟通、协调等群众工作。

在正式施工之前，指挥部技术人员依据设计文件及相关的规范、标准，对施工单位进行了详细的技术交底，并组织温控阀厂家向施工人员进行了现场安装演示。在施工过程中，指挥部管理人员克服天气炎热的困难，每个工作日都对施工现场进行全方位的检查、监督，以便及时了解工程的质量进度情况，发现问题及早解决。指挥部定期组织现场协调会（与会方包括指挥部、监理单位、设计单位、施工单位等），及时协调施工过程中的各项事宜，解决施工中出现的质量、进度、变更、洽商等问题。

为确保施工安全，项目以“安全第一、预防为主”的方针为指导，建立以现场总指挥为首的安全生产领导小组，认真贯彻执行国家有关安全生产法规和有关建筑施工安全的法律、法规。同时结合本工程特点，制定了安全生产制度，并认真贯彻执行。

为保证施工质量，项目严格执行国家和北京市的相关验收规范，层层检查、步步验收。对进场材料除审查厂家提供的检测合格报告外，还进行见证取样送检，施工过程中严格按照施工工艺和质量要求进行检查，每分部工程完工后均进行验收，最后综合进行保温系统的拉拔强度、保温构造等主要性能检测。

二阶段的施工实行工程监理制。由监理单位负责对工程的质量、进度、安全、成本等方面进行全面的监督、管理。由监理单位组织工程的过程中验收和竣工验收，验收工作严格执行国家和北京市的相关验收规范，层层检查、步步验收。对进场材料，按照相关的检验标准进行进场验收，需做抽样复检的产品，由监理单位组织现场见证取样，送检。本工程采用的钢柱扁管散热器、挤塑板均进行了现场取样复检。施工过程中，每完成一道工序，都按照验收程序进行验收，合格后方可进行下一道工序。

6.1.5 群众工作

既有建筑节能改造与新建工程相比，最大不同是在施工的同时还要兼顾住户的正常生活，更换窗户和采暖系统改造等还需要入户施工，因此获得住户的理解与支持是改造工作能否顺利进行的关键和保证。

1. 群众工作的难点

经项目组对住户意见初步的摸底和分析，群众工作主要存在以下困难：

(1) 住户构成复杂，有住总职工、回迁户、租房户（房屋产权属住总），合租户（产权归住总，两家合租）和出租户（房主）。

(2) 对节能改造认识较浅，不理解节能改造的意义和给自身带来的好处，对改造工作反应冷淡。

(3) 此次改造在融资模式上进行了初步尝试，要求住户负担部分改造费用，可能导致住户的反对。

(4) 施工时要反复入户（拆装空调、拆装窗户、安装新风系统、拆装暖气），会引起住户的反感。

(5) 大多数住户由于工作，只有周末家中有人，给入户施工安排带来困难。

(6) 施工安全和施工扰民。

2. 重点工作

针对上述困难，在惠新西街所属的小关街道办事处的支持下，成立了群众工作部，针对群众工作存在的困难，重点进行了以下方面的工作：节能改造宣传；住户基本情况和意见调查与协调；签订改造协议，制定合理的收费标准，收取改造费用；施工入户组织协调；改造钉子户的劝说工作。

(1) 节能改造宣传

在2007年初12号楼节能改造的策划阶段，项目组发放了节能宣传手册，张贴了宣传告示，进行了初步的宣传，但经调查后发现，大多数住户由于对改造认识较浅，反应冷淡。项目组经过认真研究讨论，决定加大宣传力度、丰富宣传手段，主要进行了以下宣传工作：

①邀请社区工作人员和居民代表赴唐山参观考察节能改造工程，让居民代表切身了解改造的效果，并作为义务宣传员向邻里介绍节能改造的意义和效果；

②召开群众工作大会，对节能改造进行宣传，以社区的名义发出改造公告；

③召开社区工作人员、楼门长和改造积极分子会，以他们为核心向住户宣传节能改造；

④以居委会办公室为样板间更换节能窗户，展出节能改造的相关样品，让全楼住户参观了解。

这些宣传工作在住户中引起了很大反响，尤其是在唐山参观示范改造项目后，住户的态度有了根本性的转变，支持率从不到30%提高到了86%。

（2）住户调查与协调

12号楼共有居民144户。掌握住户的基本情况，了解他们对节能改造的思想动态，可以为节能改造工作的组织和决策提供依据。为此项目组先后进行了节能改造态度调查、住户基本情况调查、外窗改造方案意见调查与协调以及暖通改造方案意见调查与协调。住户基本情况和意见调查与协调。

① 节能改造意愿调查

2007年初，项目组以问卷的形式进行了第一次入户调查，节能改造态度调查。从调查结果来看，住户反应冷淡，调查结果也不理想。

12号楼共有居民144户，而反馈调查表仅47份。其中，有85.1%的住户愿意进行外墙和屋面的保温改造。对于资金来源，有74.5%的住户不愿自行承担部分改造费用，但有55.3%表示愿意使用部分公共维修基金。对于外窗，有57.4%的住户不愿意出资更换住宅内的外窗，即使补贴30%的费用仍有46.8%的住户不愿意接受。

② 住户基本情况调查

2007年7月，在项目改造施工启动前，项目组进行了住户基本情况调查和第二次节能改造态度调查。项目组编制详细的入户调查表，在唐山节能改造项目工作人员的协助下，进行了8户试点调查，初步熟悉了入户调查的工作程序和调查内容。随后展开了全面的调查工作，调查人员加班加点，充分利用晚上和节假日等住户在家时间，进行了入户调查表的填写和拍照等工作。从调查结果来看，12号楼144套住房中，个人产权房118套，住总产权房26套，住户大多为退休职工，收入在北京市城区处于中下等水平。

（3）外窗改造调查与协调

在进行广泛宣传后，为了解住户对外窗改造的态度，项目组又进行了外窗改造意见调查。从调查回收的资料来看，虽然绝大多数住户认可和接受节能改造，但仍有一部分住户并不同意更换外窗。

不同意更换外窗的原因主要有：第一，近一两年内进行了装修，已经自行更换了新型节能外窗，怕麻烦和破坏装修；第二，对拟采用的新型节能窗不够了解，需要再考虑考虑；第三，对以往与物业间的个别问题解决不满意，有抵触情绪。

群众工作部坚持节能效果极差的空腹钢窗必须更换和尊重住户意愿两条并重的原则，与社区居委会共同对不同意更换外窗的住户进行了深入的宣传，街道办事处的有关领导也亲自出面做工作。随着改造的进行，住户亲身体会到了铝合金断热中空玻璃窗在节能、隔声和耐久性方面的优势后，原来不同意更换外窗的住户逐步改变了态度。最终完成了108户外窗的更换。

（4）采暖系统改造调查与协调

二阶段需入户进行散热器和供热管道更换、安装温控阀等工作。安装完毕后进行压力试水，也需要住户配合，特别是垂直双管系统的实施必须得到每一家住户的同意，因此群众工作难度比一阶段更大。项目组本着和谐社会、以人为本的理念，在施工前与住户进行了多次沟通，并针对垂直双管系统改造方案，又一次对住户意见进行了调查。

从调查结果来看，住户对采暖系统改造的意见短期内难以统一。主要原因有三个方面：一是近一两年内进行过装修的部分住户，暖气管道大多被封闭，若改双管需拆除，对装修影响较大；二是新装立管会对吊顶、地面的装修造成破坏，特别是卫生间的管道更换还会破坏防水层，留下渗漏的隐患，住户要求恢复到与原来一样或给予同等补偿；三是在一期改造时有部分住户因历史遗留问题不签署改造协议，此次依然要求解决遗留问题后才能同意。因此，项目组在进一步做好住户工作的同时，也在技术上寻求解决方案。最终将垂直双管系统变更为单管跨越系统，同时还根据多数住户的意见将原设计的高频焊散热器改为了钢柱扁管散热器。项目组充分尊重群众意见，采用更合理可行的方案，为二阶段改造工作的顺利完成打下了坚实的基础。

3. 改造协议和改造费用

为保证节能改造工作的顺利进行，项目组对于住户费用的收取采取了谨慎的态度。项目组本着尽量减轻业主的负担，也坚持“谁受益，谁投资”的原则，要求业主承担一定的改造费用，做好改造协议的签订和改造费用收取工作。

（1）改造费用收取原则

①项目组负责承担外墙保温、走廊外窗、室外管网和热源等属于公共部分的改造费用。

②住户承担更换外窗、更换暖气片和安装新风系统的部分费用。

（2）费用额度

项目组经过深入调研和认真讨论，考虑到住户的收入水平，确定 12 号楼住户平均收费标准为 2000 元/户。

4. 施工入户组织协调

在施工期间项目组尽力排除住户的疑虑、满足住户对改造工作的合理要求，并精心组织，妥善安排，尽量减少入户的次数。入户前提前预约，文明施工，减少对住户的干扰和室内装修的破坏，同时安排专人负责及时解决住户反映的问题和投诉。经过上述充分的工作，赢得了绝大多数住户的理解与支持。

6.1.6 改造效果和评价

为全面掌握 12 号楼的节能情况，准确评价该建筑节能改造效果，在第一阶段节能改造完成后项目组制订了一套完善的检测方案。

1. 建筑围护结构的热工性能测试

（1）红外热成像检测

采用红外热像仪对建筑物外围护结构进行检测。测试分为室外检测与室内检测两部分，测试结果显示各层外墙外表面温度较均匀，表明各层外墙外保温性能较一致。外墙表面温度略高于室外温度，表明外墙外保温效果较好。

建筑物外窗节能改造前后对比显示，改造后的外窗外表面温度明显低于改造前的外窗外表面温度。改造前，外窗外表面温度相对较高，改造后，外窗外表面温度相对较低，说明建筑物内热量经过外窗传到室外的量较少。

上述测试表明，建筑物外窗的保温性能得到明显改善。经过节能改造后，不仅相对减少了外窗的传热耗热量，而且还相对减少了因大部分楼道外窗破损造成的冷风侵入耗热量。

节能改造前，部分住户的外墙内表面温度仅为7～9℃。而改造后，外墙内表面温度为20℃左右，较室温低2～4℃，表明外墙外保温效果较显著。

（2）传热系数检测

采用热流计法对外墙和屋面进行传热系数检测，具体结果如下：

外墙，改造前为2.04W/（m^2·K），改造后降低为0.39W/（m^2·K）。

屋面，改造前为1.26W/（m^2·K），改造后降低为0.41W/（m^2·K）。

测试结果表明，改造后外墙和屋面传热系数大幅降低，达到了北京市65%节能标准的要求。

2. 供热能耗相关测试

（1）建筑供热量测试

2007～2008年采暖季之前，在建筑物热力入口安装1块超声波热量表测试建筑物的实际供热量。因调试原因，超声波热量表从2007年12月17日开始正式测试、记录供热量。建筑物总供热量数据，见表6-4、表6-5。

2007～2008年采暖季供热量数据　**表6-4**

楼　号	测　试　时　间	建筑物总供热量（GJ）
4	2007.12.17～2008.3.15	1942[注]
6	2007.12.17～2008.3.15	1864
8	2007.12.17～2008.3.15	1963
12	2007.12.17～2008.3.15	1331
合　计		7100

注：因4号楼热量表故障，其数值为在考虑管网输送效率后由锅炉房总供量与其他三楼供热量差值推算而来。

2008～2009年采暖季供热量数据　**表6-5**

楼　号	测　试　时　间	建筑物总供热量（GJ）
4	2008.11.8～2009.3.15	2662
6	2008.11.8～2009.3.15	2625
10	2008.11.8～2009.3.15	2633
12	2008.11.8～2009.3.15	1968
合　计		9888

（2）耗热量指标检测

各采暖季耗热量指标检测结果如下：

2006～2007 年采暖季（改造前）：26.16W/m^2［约合 78.48kWh/（m^2·a）］

2007～2008 年采暖季（外墙、外窗和楼前管网改造后）：14.58W/m^2

2008～2009 年采暖季（屋面和室内采暖系统改造后）：14.25W/m^2

（3）实测供热能耗

为全面了解改造后的节能效果，将 12 号楼与未改造的 4、6、10 号楼的 2008～2009 年全采暖季供热能耗进行了比较。考虑到 12 号楼采暖改造时增加了地下室的供暖，实际采暖面积增加，因此按采暖面积计算节能效果时应更能反映此种差异。结果如表 6-6 所示。

12 号楼与未改造 4、6、10 号楼单位采暖面积能耗比较　　表 6-6

楼　号	采暖面积（m^2）	室内温度（℃）	采暖能耗（kWh/a）	单位面积能耗［kWh/（m^2·a）］	节　能　率
12	10179.94	23.00	547104	53.74	34.55%
10	8967.87	21.32	731974	81.62	—
6	8967.87	19.47	737256	82.21	—
4	8967.87	20.29	740036	82.52	—

注：采暖能耗单位 GJ 与 kWh 换算系数为 1GJ＝278kWh。

若进一步考虑室内温度的差异，由于室外温度与供暖天数均相同，因此只需按室内温度进行修正，修正到室内 18℃时的采暖供热量，且室内温度每增加 1℃采暖能耗增加 6%，则未进行节能改造的三栋楼平均温度为 20.36℃，则其节能效果如表 6-7 所示。

12 号楼与未进行改造的 4、6、10 号楼修正后单位采暖面积能耗比较　　表 6-7

楼　号	采暖面积（m^2）	室内温度（℃）	实际能耗（GJ）	修　正　能　耗		节能率
				GJ	kWh/a	
12 号楼	10179.94	18	1968	1514	420892	42.33%
4 号楼、6 号楼、10 号楼平均值	8967.87	18	2640	2313	643014	—

（4）室内热舒适度测试

使用手持式热舒适仪进行 12 号楼室内热舒适度测试。测试结果如下：

2008 年 1 月 22 日室内热舒适度测试平均值（PMV）为 0.63；

2009 年 3 月 5 日室内热舒适度测试平均值（PMV）为 0.53。

热舒适度 PMV 值在 －0.5～＋0.5 之间为较舒适区域。热舒适度值小于 －0.5 时，表明室内偏凉。热舒适度值大于 ＋0.5 时，表明室内偏热。

（5）分户采暖供热量测试

2008～2009年供暖季开始前在散热器上安装了蒸发式热分配表，供暖结束后读取散热器热量分配表数据，并结合楼栋热量表记录的建筑物全采暖季总供热量，分摊测算出每户全采暖季的供热量。

可以看出，不同户型的热消耗有很大差异。个别用户热消耗大，主要是由于户内散热器的功率明显过大，组数和片数相对较多，自装异形散热器散热较大，也进一步说明户内热消耗的大小与散热器组数、形状、房间位置、房屋面积存在着直接关系。

（6）建筑物气密性测试

为了比较经节能改造的建筑和未改造建筑外围护结构的气密性。12号楼、4号楼各选择不同户型、不同楼层的6家住户进行入户测试。测试结果如表6-8所示。

建筑物气密性测试结果　　**表6-8**

12号楼住户门号	10Pa压力下建筑物渗漏（m^3/h）	10Pa压力下换气次数（次/h）	4号楼住户门号	10Pa压力下建筑物渗漏（m^3/h）	10Pa压力下换气次数（次/h）
108室	175	1.4	101室	410	3.28
201室	75	0.6	108室	240	1.85
1003室	150	1.25	905室	260	3.47
1006室			1206室	360	3.43
1501室	100	0.79	1702室	700	5.93
1703室	120	1.01	1708室	200	1.54
12号楼平均值	124	1.01	4号楼平均值	361.6	3.25

从测试结果可以看出，经节能改造后的12号楼气密性，远好于未改造的4号楼。

（7）锅炉运行效率测试

锅炉实际运行效率测试结果如表6-9所示。

锅炉实际运行效率　　**表6-9**

序　　号	测试项目名称	测　试　值（MJ）
1	锅炉房总供热量	10278000
2	天然气总发热量	13929076
锅炉实际（平均）运行效率（1与2之比）		74%

（8）室外管网输送效率测试

室外管网输送效率测试结果如表6-10所示。

3. 锅炉用电、用气量统计

表6-11为锅炉房用电、用气量统计结果。

室外管网输送效率　　表 6-10

序　　号	测试项目名称	测　试　值（GJ）
1	12 号楼供热量	1968
2	10 号楼供热量	2633
3	6 号楼供热量	2625
4	4 号楼供热量	2662
5	合计（1+2+3+4）	9888
6	锅炉房总供热量	10278
7	管网输送效率（5 与 6 之比）	96%

锅炉房用电、用气量统计表　　表 6-11

内　　容	时　　间	年　消　耗　量
用电量	2000～2007 年采暖季	144150 kWh
	2008～2009 年采暖季	94740 kWh
用气量	2000～2007 年采暖季（剔除 2005～2006 采暖季由于北京市天然气供应紧张而限量情况）	408252.75m^3
	2008～2009 采暖季，改造完成后	357798m^3

表 6-11 说明，节能改造完成后 12 号楼的耗热量降低，锅炉房的用电量和用气量也明显减少，经济效益明显。

4. 住户节能行为调查

项目组在 2008～2009 年采暖季对住户开窗情况和住户温控阀使用情况进行了调查。

（1）住户开窗

分别选择初寒、严寒和末寒期中的一天，每小时记录 1 次住户开窗情况。调查结果显示，虽然安装了新风系统，住户还是习惯于开窗通风，且南向外窗开窗数量居多。

（2）温控阀使用情况

温控阀使用情况入户调查 116 户。调查结果显示，虽然相对于设计标准室内温度达到 23.8℃，属于偏热，但绝大多数住户仍表示满意，而且即使对住户反复进行了温控装置的使用培训，但多数住户仍不习惯使用温控阀来调节温度。这里可以说明，一定要引入按热计量收费，才能真正改变居民的用能行为。

5. 墙体内部冷凝分析

对于既有建筑墙体进行节能改造后，不但要实际观测室内的结露发霉是否改善，还应考虑实际使用时是否会产生墙体内部的冷凝以确保外保温的使用耐久。因此我们根据实际检测的结果进行了计算分析。结果显示，无论是室内平均湿度最大时还是最小时，各界面的实际水蒸气分压与饱和蒸汽压均无交叉。因此，对于 12 号楼来说，进行外保温后墙体内部不会出现冷凝的情况。

6. 围护结构各部分节能贡献率分析

表6-12和表6-13分别为改造前、后围护结构各主要部分的传热耗热量。

改造前围护结构各主要部分的传热耗热量 表6-12

部位	外墙	外窗	屋面	合计
传热耗热量（W）	215437.14	129957.27	10896.48	356290.89
总散热量（kWh）	646311	389872	32688	1068871
单位面积散热量（kWh/m^2）	90.87	235	54.93	

改造后围护结构各主要部分的传热耗热量 表6-13

部位	外墙	外窗	屋面	合计
传热耗热量（W）	37649.22	52670.99	3545.70	93865.91
总散热量（kWh）	112948	158010	10637.1	281598
单位面积散热量（kWh/m^2）	15.88	95.23	17.88	

从表6-12可以看出，改造前在围护结构各部位中外墙的传热耗热量所占比例是最大的，因此外墙改造对总传热耗热量的影响是至关重要的。其次外窗的权重也较大，由于12号楼为高层建筑，所以屋面的影响相对较小。在热工计算中还应考虑空气渗透耗热量，但根据《北京市65%节能设计标准》，空气渗透耗热量与换气次数有关，为0.6倍的建筑物总体积与1.92的系数相乘计算得到，具体到12号楼其值约为总传热耗热量的19.7%，由于难以判别各部位在其中的影响权重，故在此不做具体分析。

从表6-13可以看出，改造后的围护结构各部位传热耗热量所占比例发生了变化，由于外保温采用了100mmEPS板，改造后传热系数值下降了82.35%，因此传热耗热量下降的幅度巨大。而改造后外窗的传热系数虽降为2.8 W/（$m^2 \cdot K$），但还是远高于围护结构其他部位，所以虽然它所占面积小于外墙，但对总传热耗热量影响权重却大幅提高，已超过了外墙。屋面在高层中所占面积比例相对较小，虽然屋面传热系数下降也很多，但屋面的影响权重总的来说变化不大。

综上不难看出，对于惠新西街12号楼的节能改造，其围护结构中最有效的是外墙的改造，其节能贡献率超过了2/3；其次是外窗，由于是高层建筑，屋面的贡献率相对较小。对于外窗而言，从技术上说如果选用性能更好的外窗降低其传热系数值，其节能贡献率将会更高，但同时则会带来成本的大幅提升。

6.1.7 经济和社会效益

1. 节能改造成本分析

12号楼的节能改造施工费用明细如表6-14所示。

12 号楼综合节能改造项目费用明细 **表 6-14**

序号		项目	总造价（元）	维修范畴费用	节能范畴费用
施工费用	**1**	外保温工程	1588791		
	(1)	材料费	790260		790260
	(2)	外保温施工费	198636		198636
	(3)	楼道及地下一层粉刷	131116	131116	
	(4)	空调移机	102522		102522
	(5)	防火门更换	18732	18732	
	(6)	窗台板加工及安装	155845		155845
	(7)	吊篮租赁	188820		188802
	(8)	楼道及候梯厅照明	2857	2857	
	2	节能窗	565652		565652
	3	室外管网改造	137087		137087
	4	新风系统	72790		72790
	5	室内采暖系统	896653		
	(1)	管网及暖气片更换		787077	
	(2)	温控阀安装			109576
	6	屋面	129806		
	(1)	防水工程	49520	49520	
	(2)	保温工程	80285		80285
	小计		3390779	989303	2401476
其他费用	**1** 设计费		30000		30000
	2 监理费		10000		10000
	3 群众工作费用		81337		81337
	4 测试研究费		242000		242000
	小计				363337
合计				989303	2764813
单位造价（元/m^2）				95.04	265.62

表6-14 的造价分析显示，12 号楼的节能改造项目费用较高。其主要原因如下：

（1）本项目外墙外保温采用了德国外保温技术，若在此基础上对相关技术通过引进消化和吸收，国产化后外保温的节能改造单项成本还可进一步降低。

（2）为提高住户更换窗户的积极性，保证改造工作的顺利进行，本次改造采用的外窗为断热铝合金节能窗，若采用符合北京 65% 节能设计标准的 PVC 塑料窗，外窗的费用可进一步降低。

（3）由于施工期间天气异常，以及对德国施工工艺学习和消化需要过程等因素，延长了施工工期，造成人工费和吊篮租赁费用的增加。

（4）由于试点工程需要，对节能改造前后能耗和不同分项节能量的测试研究等内容比一般节能改造项目增加较多，导致测试费用增加。

（5）部分改造内容虽为项目发生但实际上应纳入正常维修而非节能范畴。

2. 改造经济性评价

节能改造带来的供热收益和潜在经济收益如下：

（1）供热收益

改造后12号楼的能耗大大降低，天然气的消耗量和相应的耗电等减少。以往的节能改造由于条件所限，所得结果均以理论计算为主。由于该项目小区为独立锅炉房，因此节能效果可以在天然气和电的用量上直接得以反映。项目组跟踪了改造前后的天然气和锅炉房动力电的消耗情况。

小区锅炉房在12号楼改造前连续几年的天然气耗用量在剔除2005～2006年采暖季由于北京市天然气供应紧张而限量的特殊情况，平均年耗气量为408252.75m^3，在12号楼改造完成后的2008～2009年采暖季天然气耗用量为357798m^3，节省天然气为50454.75m^3，在不考虑室内温度提高的因素下，折合到每平方米每年天然气减少为4.96m^3。

则天然气节约费用为4.96×1.95=9.67元/m^2

在天然气消耗量减少的同时，锅炉房的动力电实际用量也由改造前的平均144150 kWh，减少到了94740 kWh，折合每平方米每年减少4.85 kWh。

则动力电节约费用为4.85×0.43=2.09元/m^2

以上合计改造后建筑面积节约的供热费用约为11.76元/m^2。若节能改造投资只考虑节能改造成本，其静态回收期为22.58年。

（2）潜在经济收益

实际上节能改造的经济效益还表现在住户冬季的电暖器等辅助供热设备和夏季空调使用大幅减少带来的电费支出降低等方面。

节能改造前，12号楼外墙存在严重的渗漏、发霉问题，物业多次维修，效果均不理想，截至改造前外墙防水维修费用支出50余万元，屋面防水维修费用支出4万余元。节能改造完成后，由于墙体增加了保温，有效解决了墙体渗漏和发霉问题，节省了修缮的费用。

外保温的存在，使墙体不受外界气候的影响，提高了墙体的耐久性，延长建筑的使用寿命，使国家投资、住户投资最大化。

3. 社会效益

（1）节能减排效果显著

12号楼改造后，节能效果显著。每平方米建筑面积节约的4.96m^3天然气和耗电5.40 kWh（含夏季空调节省），折合为标准煤约为：

$$4.96\times1.2143+5.40\times0.4\approx8.18\text{kg 标准煤}$$

按照每年每平方米CO_2减排量为22.66kg/m^2（CO_2排放系数取2.77）计算，则12号楼改造后的CO_2减排量约为249tCO_2。

目前，北京市有节能改造需求的住宅约为6300万m^2。如果均能够按照12号楼的方案进行节能改造，则全市一年即可节能折合标准煤为51.53万t，减少CO_2排放142.74万t。

（2）室内物理环境

室内热环境和声环境质量得以提高。经过节能改造，室内舒适度大大提高。以2号住户为例，室内温度由原来的16℃左右提高了6~7℃，淘汰了使用多年的电暖器辅助采暖，脱去了棉袄和棉鞋，同时室内原外墙内表面的结露发霉现象也消失了。由于更换了新型节能窗，室内噪声也小了很多。进入夏天之后，住户开始使用空调器的时间较往年要晚一些，使用频率也明显减少。

（3）促进和谐社会建设

随着改造工作的逐步进行，百姓对节能改造的认知和意愿加强，住户有了切身感受，认识到节能改造是一件利国利民的好事。12号楼的绝大多数居民不但接受和欢迎节能改造，并积极配合各项入户改造工作，使得没有改造的另三栋楼的很多居民与社区和居委会主动联系，表示积极支持节能改造工作，同时也期盼着能尽快完成其余三栋楼的节能改造。

4. 试点示范作用凸显

节能减排是当前一个社会热点。本项目作为北京市第一个既有建筑综合节能改造示范项目，在社会上产生了巨大影响。

在项目施工期间及完成后，中央电视台、北京电视台及德国西南之声电台等多家广播新闻媒体到现场进行采访，并在CCTV-1的新闻联播、焦点访谈、早间新闻和北京新闻、BTV-5新闻等多个栏目播出，同时还有十多家平面媒体进行了相关报道。

2008年北京市颁布了《北京市既有建筑节能改造专项实施方案》等多个有关文件，北京市建委结合12号楼改造，专门组织18个区县建委的相关部门领导到12号楼参观学习和交流。北京市政协、国家开发银行、山东省住房和城乡建设厅的领导和德国建设部国务秘书也先后到12号楼参观考察。宁夏银川市房管局、中国建筑业协会材料分会、天津市河西区等二十余家单位也专门组织相关人员赴12号楼考察、学习。

这些报道和考察都极大地推动了北京市和相关地区既有建筑节能改造工作的进行，社会效益显著。

6.2 唐山市河北1号小区节能改造项目

6.2.1 项目概况

1. 唐山市自然条件

唐山地处环渤海湾中心地带，北依燕山，南临渤海，东与秦皇岛市接壤，西与北京、天津毗邻。总面积13472km^2，人口719.12万。市区面积3874 km^2，人口301万，是全国较大型城市之一。唐山是个震后崛起的新兴城市，2006年城域人均住房建筑面积为22.41m^2。1990年荣获联合国颁发的“人居荣誉奖”，成为中国首座获此殊荣的城市。2004年城市南部采沉区生态建设项目荣获联合国“迪拜国际改善居住环境最佳范例奖”。

既有居住建筑为4000万m^2；既有公共建筑为2000万m^2。

唐山冬季比较寒冷、干燥，降水稀少，盛吹西到西北风。冬季平均气温为－4～－6℃。1月份气温最低，平均气温为－6～－7℃，平均最低气温在－11～－14℃。唐山严寒期始于11月底，止于次年的2月底至3月初。严寒期长达百天左右。采暖期为129天。

2. 示范项目确定

在中德专家经过对多个城市考察后，选择唐山河北1号小区作为“中国既有建筑节能改造”项目既有居住建筑综合节能改造示范工程。其主要因素如下：

（1）唐山经济社会发展迅速，市委市政府高度重视节能减排和改善民生，建筑节能工作走在全国前列，开展既有建筑节能改造的基础较好；

（2）河北1号小区是唐山大地震后第一个成片兴建的小区，对于唐山市区的既有居住建筑来说，具有典型的代表意义；

（3）河北1号小区的建筑结构形式皆为内浇外挂结构，这种结构的住宅，冬冷夏热，居民生活条件较差，有改造的需要；

（4）这种住宅的采暖能耗高，改造后的节能效果明显；

（5）河北1号小区居民经济收入较低，这里的节能改造能够实施，对唐山市及全国其他地方的节能改造具有指导意义，同时还对这些需要帮助的居民给予一定的帮助；

（6）示范工程紧邻唐山的一条主干道，宣传示范的效果明显。

3. 示范工程基本情况

河北1号小区位于唐山市路北区的东北部，占地28.23hm^2，住宅建筑总面积216152m^2（图6-30）。小区始建于1978年，由上海市民用建筑设计院设计，唐山市第一建筑工程公司施工，1980年竣工，是唐山市大地震后第一批大规模兴建的成片住宅小区。

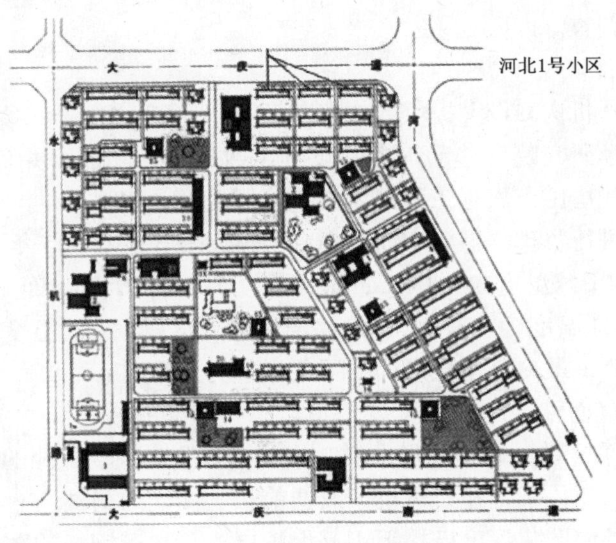

图6-30　河北1号小区总平面图

河北1号小区共有居住建筑88栋，为5~6层的多层住宅楼，设计使用年限70年。小区内71栋住宅楼为南北朝向，17栋楼为东南偏东方向。住宅建筑结构为“内浇外挂体系”，内墙为大模板现浇钢筋混凝土，外墙为工厂预制钢筋混凝土与加气混凝土复合大型壁板，各层均有现浇混凝土圈梁补缝，楼板为双向预应力预制混凝土实心板。

根据项目要求和中德双方专家的意见，中国既有建筑节能改造示范工程选定唐山河北1号小区509号楼、512号楼和515号楼作为示范工程，总建筑面积6135m^2（不含阳台面积），住有135户居民。3栋住宅的保温隔热性能较差，采暖耗热量指标是唐山现行节能标准的2倍多。建筑围护结构的外墙为工厂预制钢筋混凝土与加气混凝土复合大型壁板，各层均有现浇混凝土圈梁补缝，外墙传热系数为2.01W/（m^2·K）；屋面采用钢筋混凝土预制板上铺加气混凝土砌块保温，传热系数为1.7W/（m^2·K）；外墙和屋面传热系数是唐山现行节能标准的2倍多，是气候相近发达国家的4~5倍；建筑门窗多用空腹钢窗和铝合金窗，保温性、气密性差，冷风渗透严重；住宅采暖系统为上行下给单管串联异程式系统，室内散热器多为钢串片型，三栋示范建筑由城市集中供热系统供热，为整个小区供暖系统的末端，供热效果不好。

6.2.2　前期准备

既有居住建筑节能改造前期工作是顺利实施节能改造施工的重要保障。示范工程的前期工作包括：建筑物的测试和调查，居民基本情况调查，节能改造分层次宣传发动，居民工作，组织管理以及工程的立项和审批等。

1. 基本情况调查

示范工程基本情况调查包括两个方面，一是建筑物的现状调查；二是居民基本情况调查。示范工程节能改造前的基本情况调查是既有居住建筑节能改造的必须步骤。

2005年10月~2006年上半年，唐山项目办组织相关单位对建筑物的基本情况和居民基本情况作了详尽的调查。

（1）室外气象条件

采用德国国际合作机构GTZ① 提供的LM6600 Davis移动式电子气象站作为气象数据测试仪器。中国建筑科学研究院为移动气象站设置了数据远传功能，并负责日常数据采集。设备日常维护工作委托唐山市思远工程技术咨询有限公司负责。

通过对采集数据进行整理，得到2005~2006年度采暖季（2005年11月15日至2006年3月23日）的平均干球温度为0.04℃，最高温度为20.8℃，最低温度为-13.9℃；最冷月为12月，平均干球温度为-3.4℃，最高温度为5.3℃，最低温度为-10.8℃。最冷月的主导风向为WNW，最冷月主导风向的平均风速为1.9m/s。

（2）建筑结构与气密性

2005~2006年度采暖季，通过现场取样、实验室检测和现场实测的方式，利用鼓风门和红外热像仪等仪器对3栋示范建筑进行了改造前相关性能的测试。

测试结果显示，外墙碳化深度已接近钢筋保护层，不利于钢筋的防腐；复合外墙板之

① 原德国技术合作公司GTZ。

间拉结筋轻微锈蚀，功能尚未受到影响；墙体表面附着力平均值0.07 MPa，破坏界面均在外墙外饰面粘结层，外墙外饰面粘结层因雨水浸泡而导致粘结力下降；预制墙板板与板之间连接部位、预制墙板与预制楼板之间连接部位热桥严重，同时墙体内部存在缺陷；换气次数的平均值为6.5（次/h），建筑物的气密性很差；烟风道基本失效，大部分风道已失去排风作用，目前已无法实现正常的使用功能。

（3）建筑物能耗

建筑能耗测试包括电量、燃气量和热量消耗，结果见表6-15。

改造前示范建筑终端能耗调查表（2005～2006年）　**表6-15**

建筑物	采暖能耗（kWh）	电气能耗（kWh）	燃气能耗（kWh）	总能耗（kWh）	单位建筑面积能耗（kWh/m^2）	单位净面积能耗（kWh/m^2）
509号楼	219416.7	26175	91413.3	337005	164.8	211.3
512号楼	221027.8	26243	91413.3	338684.1	165.6	212.5
515号楼	221472.2	29418	91413.3	342303.5	167.4	214.7

（4）建筑室内热环境质量

建筑围护结构存在严重的热桥，15%的住户存在结露现象，11.4%住户外墙出现霉斑；室内平均温度在14℃左右，在最冷的时候有些居室甚至会低于10℃；室内空气质量较差，且噪声大。

（5）居民信息调查

采用调查问卷的方式进行居民基本信息统计。统计结果显示，河北1号小区建筑主要为建筑面积为50m^2以下（占64.6%）的住宅，其中85.8%为私有产权；居民生活水平偏低，64%家庭月收入在1500元以下。建筑外窗气密封性较差，夏季渗水问题严重，冬季室内温度偏低，特别是阳台、厨房和卫生间等空间尤为明显。

大部分住户愿意进行节能改造。但小区居民多数为唐山市路北区企业职工，收入较低，51.1%的住户表示个人能承担的改造费用基本在1000元以下。

2. 组织机构设立

唐山示范工程是完全面向社会的一项工程，改造涉及规划、房管、财政、民政、建设、区政府、街道、电力、供热、燃气、通信等多个部门和机构。为了加强各方的协调工作，保证整个项目的顺利执行，唐山市政府成立了由市长任组长，主管城建、工业的两位副市长为副组长，各相关委、局主管领导为成员的唐山市“中国既有建筑节能改造”项目领导小组，主要职责是：对项目实施进行指导和协调，解决项目实施工程中遇到的重大问题。

为了组织好节能改造示范工程的建设工作，成立了示范工程指挥部。唐山市建设局局长任总指挥，指挥部下设工程技术部、材料供应部、地方工作部、综合部四个部门，全面负责示范工程的现场指挥，执行项目制定的各种政策，综合协调各方面关系。

3. 群众工作

由于既有居住建筑改造工程对象是已经有多年历史的老楼，综合节能改造工程涉及示范建筑中居住的每一位居民，而且节能改造过程中居民还生活在其中，因此，居民对节能改造的理解和支持，是节能改造工程能否顺利实施的重要前提条件。既有建筑节能改造初期，有些群众对改造的意义不理解，有观望甚至抵触情绪。做好群众工作成为顺利实施节能改造的一个重要环节。

群众工作主要解决的问题是居民对节能改造的认识问题，让居民了解并接受节能改造方案，根据实际情况制定融资政策，按照融资办法向居民收取改造费用，并与居民签署改造协议，协调好节能改造施工和居民工作生活的关系，解决施工过程中遇到的突发事件。

（1）找好示范工程群众工作的切入点

河北 1 号小区建筑结构为内浇外挂结构，建筑物外围护结构的热工性能较差，原来的外窗为空腹钢窗，破损严重，密封性能差，室内外暖气管道老化，这些因素造成这类建筑普遍存在着冬冷夏热的现象。建筑物室内冬季最低温度只有 9℃，平均温度为 14～15℃左右，热舒适度非常差，居住在该小区的居民都强烈要求改善生活条件。因此，唐山项目办选择节能改造能够提高冬季室内温度作为群众工作的切入点，以此为核心展开群众工作，大力宣传节能改造能够彻底改变建筑热舒适度，调动居民参与节能改造的积极性。

（2）多层次开展舆论引导

在节能改造实施之初，居民对节能改造认识各种各样。一部分居民认为节能改造是党和政府为居民群众做的一件大好事，表示拥护和积极配合，不仅国家受益，个人受益更是明显，即便是自己花一部分钱也值得。也有一部分居民认为，既然是示范工程，全部费用就应该由政府承担，个人不想花钱。还有的居民持有观望态度，大多数人同意，我同意，大多数人交钱我交钱。个别居民由于下岗失业等原因，不太配合。同时，居民对如何进行节能改造不理解，关心节能改造自己的投资，关心节能改造对装修的影响，关心节能改造后的效果等。根据实际情况，唐山项目办采取了分层次推进的宣传方法，针对以上问题进行宣传。

①开展对居委会的宣传。当地居委会是工作在群众工作第一线、最贴近群众的政府派出机构，其工作人员对居民情况十分了解，他们具有丰富的群众工作经验，在居民中间也具有很高的威信，他们对节能改造的理解和支持，对其他的居民具有带动作用。唐山项目办首先对居委会成员进行节能改造的宣传，向他们宣传既有建筑节能改造的意义、节能改造的措施和方法、节能改造的步骤和程序、节能改造后的效果等。通过细致的宣传和讲解，使居委会的同志们全面了解节能改造的意义，并主动地参与到示范工程的群众工作中来。

②开展对居民代表的宣传。在得到居委会的支持的情况下，唐山项目管理办公室和居委会一起，向主要由居民代表组成的居民事务协调委员会进行宣讲，使居民事务协调委员会的委员了解节能改造的意义，并带动居民代表参与到节能改造的宣传中来。

③做好全体居民工作。在居委会、居民代表的参与下，唐山项目管理办公室组织召开不同范围的居民大会，向居民进行节能改造的系统宣传。

④对于居民中存在的特殊问题，唐山项目管理办公室会同居委会、协调委员会有针对性地加以解决。

（3）建立居民参与民主决策制度

既有居住建筑节能改造离不开居民的参与。为了有组织有程序地使居民参与，提高解决问题的效率，成立了示范工程居民事务协调委员会（以下简称“协调委员会”），由3名居委会成员和每栋楼选出的2名威信高的居民组成。协调委员会主任由居委会主任兼任。在选出的居民委员中，既有积极支持改造的，也有持怀疑观望态度的，还有反对节能改造的，协调委员会委员具有较强的代表性。由于协调委员会委员来自于居民中间，本身与改造息息相关，因此他们不仅能够从自身出发提出看法和建议，还能够更广泛地收集居民的意见。

协调委员会的职责：代表居民对节能改造中出现的涉及居民利益的重大问题进行决策；负责把居民的意见和建议集中反映到项目办，把项目办对这些意见和建议的处理情况及时向居民转达；协助项目办做好群众工作，对于一些特殊的群众问题，由他们出面与居民进行协调；向周边的住户进行宣讲。

协调委员会的成立，建立起居民参与节能改造的参与机制，成为了居民与项目办相互联系的纽带，充分调动了居民参与节能改造的主动性和积极性。实践证明，协调委员会在实施整个节能改造过程中发挥了重要作用。

（4）结合实际采取合理的融资方式

河北1号小区地处唐山市北郊工业区的城乡结合部，是有近三十年历史的老旧小区。其中，一部分居民由于农村占地整体搬迁而来，另一部分居民是周围厂矿企业的职工。近些年，该小区出现了下岗人员多、失业人员多、贫困户较多和老年人多的“四多”现象，这里的居民都戏称河北1号是唐山的“贫民区”。该小区的住房基本都是小户型，分为一居室、二居室和三居室。三居室中建筑面积最大为57m^2，一居室的建筑面积约为36m^2。在思想认识方面，由于老年人多和文化程度低等因素，所以旧的传统理念在一些人的头脑中比较根深蒂固。在外窗类型上，经过三十年的变迁，各户采用的外窗也不同，有些阳台还保留着原始的木窗，有些是钢窗，条件好一些的已经更换为铝合金窗或PVC塑料窗。在住房性质上，这135户中，除14户是公有住房外，其余121户全部是私有住房。

根据“谁受益、谁投资”的原则，为了给今后既有建筑节能改造摸索出一条可行的融资模式，根据示范工程带有试验成分的实际情况，在进行充分的居民情况调查的基础上，充分考虑到居民经济承受能力，综合考虑各方面因素，根据节能改造费用由政府、企业、个人共同承担原则，在与居委会、协调委员多次讨论和征求意见的基础上，确定了节能改造倾向居民的总原则。

改造费用投入的具体办法是：

① 关于PVC塑料中空玻璃内平开窗

内开窗的实际市场（当时）价格为260元/m^2，而推拉窗的价格为200元/m^2，在大部分居民还对内平开窗都不认可的情况下，居民对内平开窗的价格不能接受。为了引导居民使用平开窗，通过实际使用来改造居民对内平开窗的认识，唐山项目办把内平开窗的价格定为210元/m^2，推拉窗180元/m^2，使新窗的价格和居民的心理价格基本持平，引导居民接受平开窗。

在处理外窗更换时还遇到了一个具体问题，为了改善冬季透风室内温度低和美观的问题，部分居民对外窗自行进行改造，根据调查，更换外窗的住户达到46%。唐山项目管理办公室在广泛听取居民意见的基础上，决定采用旧窗折旧补偿的办法，给居民予以补偿。具体办法是：PVC 塑料窗按照市场最高定价每平方米 170 元，按照 80% 进行折旧补偿；铝合金窗按每平方米 140 元，按照 60% 折旧补偿；钢窗、木窗按每平方米 60 元，按照 40% 折旧补偿。窗户外凸的、双层窗户均按实际尺寸给予折价。通过实施旧窗折价，得到居民的理解和拥护，为与居民签署协议打下了基础。

② 关于散热器价格

由于多年来一直延续的模式是在居民报修散热器时，供热部门都进行免费更换，在居民的意识中已形成了散热器更换就是应该供热部门承担的想法。为了改变这种想法，保证居民能够承受，唐山项目办按照新建建筑采暖散热器估算，每组散热器价格为 300 元，由居民承担其中的 20%，即 60 元/组（实际工程使用的散热器每组平均为 600 元）。

③ 关于外窗的防护栏，考虑到居民安全和示范工程的统一性，制定了相关补偿政策。

④ 135 户中，有 14 户是低保户和租住公房的住户（产权归房管局），其节能改造费用全部由政府承担。

⑤ 楼梯间改造及太阳能楼道灯等公共部分，由政府承担。

以上融资方法的制订保证了改造方案的顺利进行。

（5）有针对性地解决特殊问题

在绝大多数居民积极配合的同时，仍然有少数居民未交纳改造款。面对这种情况，需要做细致的工作。唐山项目管理办公室与居委会同志一起组成三个小组，对未缴改造款的住户利用晚上时间入户调查了解，希望他们和其他住户一样，能够积极配合改造方案的施行。同时也更深一步了解他们内心的想法，进一步加强宣传和解释，一一打消他们的顾虑。由于思想工作贯穿到施工改造的每一个环节，三栋示范楼的居民群众都能主动配合，综合节能改造款中的住户缴款率达到了 100% 。

（6）加强施工协调和安全管理

为了切实做好施工阶段的群众工作，在示范工程现场指挥部中，专门设立了地方工作部，专门负责群众工作。唐山示范工程施工时正值夏天，居民晚上通常都开窗睡觉，由于在三栋楼的周围搭建了施工脚手架，这样就增加了不安全因素。

为了保证居民安全，项目办采取了以下措施：

① 与管片派出所联系，请他们加强对三栋楼的巡查力度；

② 从三栋楼的居民中挑选出 4 名巡更人员，为他们配备了手电筒等巡更的基本工具，每天从 18 点到次日 6 点对三栋楼进行巡查；

③ 在施工现场一些阴暗部位安装了照明灯。通过这些措施的实施，有力地保障了三栋楼居民的生活安全；

④ 一些住户在装修时将阳台与住室之间的门联窗打掉了，在进行阳台加固时，由于没有了门联窗的遮挡，住室就直接与室外连通了，这样一方面居民无法正常生活；二是有潜在的不安全因素。项目办委托施工队特别制作了 27 套封闭住室的铁门，将室内与阳台分隔开。在铁门安装了玻璃窗，用来采光及通风换气，这样就保证了阳台拆除顺利实施。

（7）及时解决施工中出现的问题

由于此次节能改造涉及外墙保温、更换外窗、阳台加固、供热系统改造、屋顶改造、加装隐形纱窗、加装保温防盗对讲门等多项改造措施，所以负责群众工作的地方工作部的人员每天都被由这些改造所引起的各种问题所包围。

比如施工过程中，搭建在楼道口上方的脚手板缝隙大，使得工人剔凿楼道窗户的散落物透过脚手板缝隙掉到下面，由于散落物中夹杂有玻璃碴，结果造成了一位居民的小腿被划伤。指挥部得到报告后，立即要求工程队停工整改，消除事故隐患。并立即责成施工队将伤者送往附近医院，在医院进行消毒包扎。由于事情处理得快速及时，消除了影响。

在更换供热管道时，项目组组织了由电工和小工组成的应急小组。由于在往墙壁上打眼时，经常会打到电路上而造成住户的供电中断，所以这时候就需要马上派出应急小组，先由小工用凿子将打眼的部位扩开，将被打断的线路暴露出来，然后由电工将断开的线路接好。

一住户找到项目办说他家里的一人来高的大瓷瓶，由于热力公司施工瓶口被碰掉了一块，并说那是他非常心爱之物，价值 1500 多元。工作人员听了住户的述说后，急忙到他家里查看情况，又找到他们热力施工的领导落实情况。经过反复多次的落实、协调终于使热力施工队与住户之间达成了一致，热力施工队给予了住户合理的赔偿。

（8）切实保护居民利益

在节能改造施工过程中，难免会和居民的利益发生冲突。在此情况下我们坚持以事实为依据，最大限度地保护群众利益。

在这次改造中，阳台设计采取加固方案。在调查走访过程中，我们了解到，一部分居民对室内及阳台进行了装修，有的镶了瓷砖，有的进行了吊顶，有的安装了扣板。可是按照加固的要求，需要打掉阳台栏板及隔断，拆除现有装修，为此，又逐户进行走访，并在原有节能改造协议书的基础上又与居民签订了装修恢复协议书。协议上写明凡是被破坏的部分，在此项工程结束后予以恢复，并将原装修部位、材料一一填写清楚，得到了居民的认可。为了避免在恢复中发生争议，一般都留下了照相和录像资料备查，作为今后恢复的依据。

居民的装修恢复工作在整个的群众工作中占了相当大的比例。在这上面投入了大量的人力物力，对约 70 户依照原装修进行了镶阳台地砖、墙砖、吊顶、包木窗口、打阳台橱等不同程度的恢复，对 102 户进行了室内粉刷。整个恢复工作持续了三个月，用工约 1500 人次。最终装修恢复工作得以圆满完成，得到了居民的普遍肯定，居民利益得以保障。

（9）加强节能设施使用指导

指导用户正确使用节能设备。节能改造工程结束后，许多居民没有完全了解节能设备的用法和用途。针对这些情况，唐山项目办一方面组织专家对其进行讲解；另一方面组织人员编写了相关使用手册，发放到居民手中，使居民能够正确地使用这些设备。

进行改造后住户意见调查。改造后进行了为期一周的住户反馈意见调查。此次调查共收回有效调查问卷 100 份，占所有住户的 74%，100% 的被调查居民表示对整个的节能改造满意。他们最直接的感受就是由于节能改造，建筑物的保温性能显著提高，居民们过了一个有史以来最温暖、最舒适的冬天。另外，他们也提出了一些有益的建议如加强建成设施的维护，在以后的施工中，加强施工组织的严密性等。

服务工作。在将改造楼正式移交房管所之前，对于在保修期内出现问题的设备。如，窗户、纱窗、楼宇门，统一安排人员进行维修，保证居民的正常生活。

6.2.3 综合节能改造技术路线与方案

1. 综合节能改造原则

（1）实施综合节能改造。即节能改造要和建筑物修缮相结合，和环境整治改造相结合，和建筑物的功能改造相结合；

（2）示范工程节能改造要应用目前成熟的节能技术，节能技术和节能改造标准要适度超前，具有一定的前瞻性；

（3）在现行的国家和地方标准的基础上，充分吸收国外先进的既有建筑综合节能改造先进技术，通过示范工程的实施对国外的先进节能技术进行选择和推广。

2. 改造方案

在充分借鉴德国既有建筑节能改造理念和结合中国既有居住建筑现状的情况下，本着对外围护结构实现全面的改造，既可以实现最好的节能效果，还可以尽可能避免热桥，防止围护结构内表面结露和霉变；在围护结构改造的同时，进行室内外供暖系统的同步改造，实现室内温度可控、热量可计量，进而实现真正的节能的原则。中德专家共同确定了唐山示范工程的改造方案，见表6-16。

示范工程节能改造方案　　表6-16

建筑物	复合保温系统	外窗	屋顶	室内供热系统	计量方式	室外供热系统
515楼	10cmEPS中国复合保温系统	PVC塑料中空玻璃平开窗	14cmPU	单管跨越式、恒温阀	楼栋表(超声波)+散热器热分配表	室外管网、热力站设备及控制系统改造（温度补偿器和平衡阀）
512楼	10cmEPS中国复合保温系统	PVC塑料中空玻璃平开窗	14cm挤塑板	水平分环系统、恒温阀	1. 户用热计量表 2. 楼栋表（超声波）+散热器热分配表	室外管网、热力站设备及控制系统改造（温度补偿器和平衡阀）
509楼	10cmEPS德国复合保温系统	PVC塑料中空玻璃（一层LOW-E）平开窗	14cmPU	垂直双管系统、恒温阀	楼栋表(超声波)+散热器热分配表	室外管网、热力站设备及控制系统改造（温度补偿器和平衡阀）

国内在节能改造设计中外保温技术已被广泛采用，但是在节点处理上与德国设计相比却显得粗糙。德国围护结构保温的设计注意细节，每个节点都进行了充分的节能考虑，尽可能地减少热桥的存在。

勒脚。我国实际工程中勒脚部位保温材料吸潮问题往往被忽略，而保温材料的吸潮，不仅对保温材料本身的保温性能有极大的负面影响，同时降低保温体系的使用年限，如图6-31所示。为了减少材料吸潮对整个保温系统的影响，从室内地坪向下至散水以下，在保温材料与墙体之间，加铺了纵向和横向防水材料，这样可有效地避免水汽通过虹吸作用从墙体和基础进入保温系统，如图 6-32 所示。

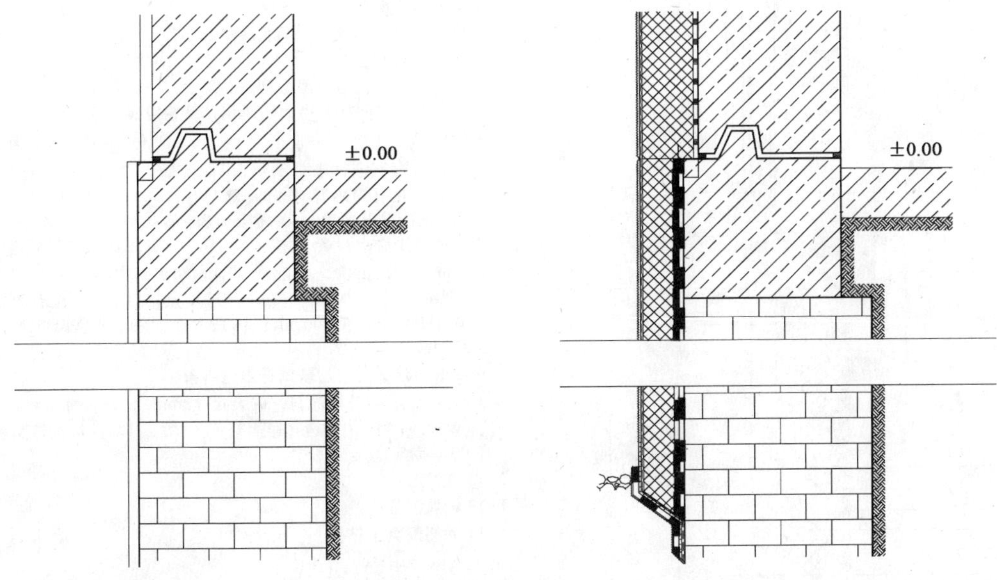

图 6-31 改造前勒脚部位结构示意图

图 6-32 示范建筑防潮设计示意图

窗口。我国习惯将外窗安装在窗口的中间部位，这种做法不仅在外窗口周边形成热桥，而且大大增加了施工难度并存在许多开裂渗水的隐患。示范项目将外窗框安装在外墙的最外侧，窗框外侧与外墙外侧平齐。保温板由墙面直接盖压到塑料窗框（2～2.5cm）（图 6-33、图 6-34），这样做施工方便，且减少了热桥。保温板与窗框间用膨胀密封条密封，解决了渗水和开裂问题。外窗外齐安装解决了窗框翻边处理的施工难度，但要注意窗户的固定方式，必要时增加把脚。

女儿墙与屋面保温。顶层外墙与屋面的转角部分是热桥的常见部位，如果不对其进行处理，将形成一个很严重的热桥，直接影响顶层住户的使用，会造成内墙表面结露和霉变。示范项目屋面清除全部原保温层、防水层，以减轻荷载，为新的保温防水提供一个清洁的基础。在结构层上先铺设一层蒸汽隔离膜，防潮层上用珍珠岩做找平层，然后铺设保温板，在保温板的上面做找坡层，再做两层防水。为了消除热桥，将原来的挑檐结构拆除，新建女儿墙，在女儿墙上面和两侧做外保温系统，同时在上面铺设防水材料，见图 6-35、图 6-36。

楼梯间。原楼梯间未安装散热器，由于年久失修，损坏严重，楼梯间外窗在冬季处于完全敞开状态，整个楼梯间与室外环境相通。示范项目将楼梯间外墙进行了同样的外保温处理，外窗更换为 PVC 塑料中空玻璃内开窗，楼梯间入口加装保温防盗对讲门，并将外保温系统压门框 2cm 来减小热桥。这种设计，不但实现了能源节约，也实现了材料节约，并给居民提供了安全保证。

阳台加固。示范工程原有阳台为敞开式阳台，在设计时并未过多考虑阳台荷载。后来住户自行将阳台封闭，在围栏上安装了空腹钢窗、铝合金窗、塑钢窗等。还有一些居民把门联窗及部分墙体打掉，使室内空间得到扩展。由于安装封闭外窗，增加了阳台的荷载，

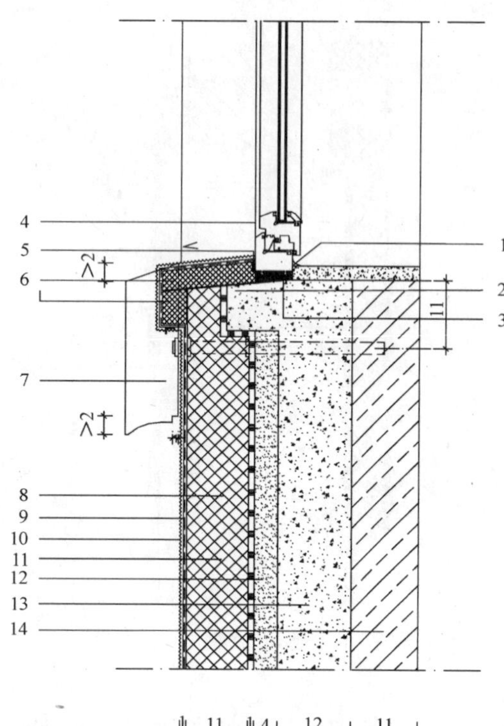

1.带胶布的框条
2.原有窗台，其他做法另见大样E1.3
3.结构缝的密封
　外部使用构造缝膨胀密封条
　内部（房间面）密封防渗出，结构缝宽度≤1.5cm
4.塑钢窗
　四腔窗框型材截面 JP-112
　四腔内开窗扇型材截面 JP-114
　512楼保温玻璃，509楼Low-E玻璃
5.构造缝膨胀密封条 15mm/5~12mm,迅速膨胀，抗紫外线
6.铝制窗台，出挑>30mm，其他做法另见大样E1.3
7.L型钢，90mm×90mm×7mm,镀锌，规格S 235 JR，配有间隔快，锚钉Hilti:HIT-RE 500 mit HAS-EM 20×170/158,总长350mm
8.粘结胶浆
9.纤维增强抹灰胶与玻璃纤维网格布
10.含小碎石的外墙涂料，碎石尺寸2mm，添加丙烯颜料
11.保温板PS15SE 10cm(导热系数 040)，以粘贴与锚钉两种方式固定
12.外涂层
13.轻质混凝土
14.钢筋混凝土结构

图 6-33　窗口节点立剖面

1.钢筋混凝土结构
2.轻质混凝土
3.外涂层
4.粘结胶浆
5.保温板PS15SE 10cm(导热系数 040)，以粘贴与锚钉两种方式固定
6.纤维增强抹灰胶与玻璃纤维网格布
7.含小碎石的外墙涂料，碎石尺寸2mm，添加丙烯颜色
8.结构缝的密封
　外部使用构造缝膨胀密封条
　内部（房间面）密封防渗出，结构缝宽度≤1.5cm
9.纤维网格布做边缘保护
10.落水口小型材，粘贴在纤维增强抹灰胶之中
11.装饰框
12.构造缝膨胀密封条 15mm/5~12mm,迅速膨胀，抗紫外线
13.塑钢窗
　顶部固定窗框型材截面 JP-112
　512楼保温玻璃，509楼Low-E玻璃
14.带胶布的框条
15.L型钢，90mm×90mm×7mm,镀锌，规格S235JR，配有间隔块，锚钉Hilti:HIT-RE 500 mit HAS-EM 20×170/158,总长350mm
　塑钢窗
　三腔推拉窗框型材截面 JP-075
　三腔推拉窗扇型材截面 JP-002-1
　512楼保温玻璃，509楼Low-E玻璃

图 6-34　窗口节点平剖面

阳台的结构稳定性受到了威胁。打掉门联窗和部分墙体，就是拆除了阳台的部分配重，这对阳台的危害更加严重。综合考虑改造费用、施工难度、保温性能、外观、使用及安全性等各方面的因素，决定对阳台实施重新植筋加固的方案。

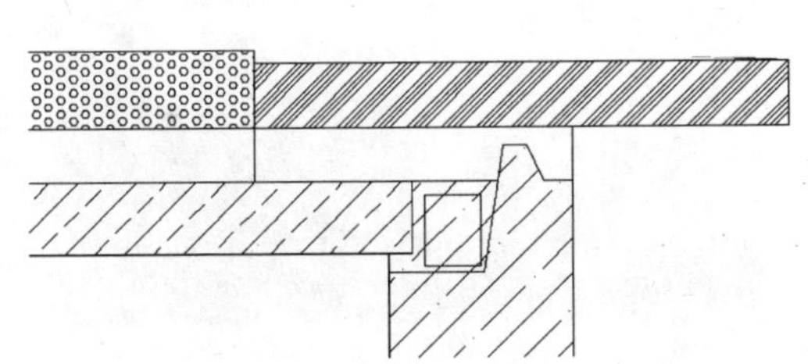

图 6-35　原屋面挑檐结构示意图

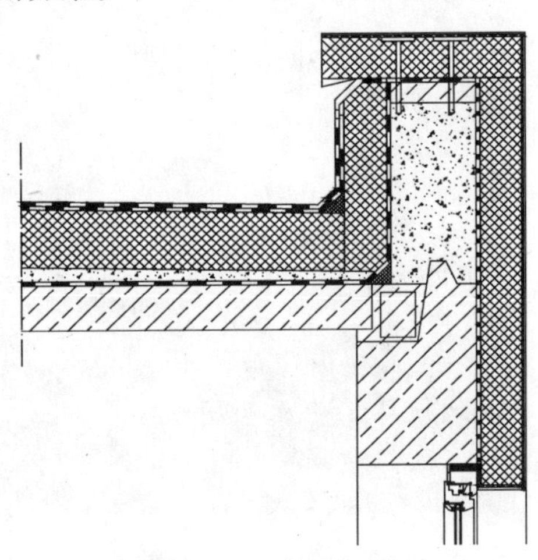

图 6-36　新建女儿墙示意图

采暖系统。遵循的原则是节能、高效、可控、可计量。在这一原则的指导下，采用了钢制柱形散热器、PP-R 管材、自动恒温调节阀、热计量、热分配表等。在 3 栋示范楼分别采用了三种采暖系统，即垂直双管、单管跨越和水平分环，希望通过试点评价这三种常用的采暖系统对于既有建筑节能改造的可推广性。

509 号楼采暖系统改造采用垂直双管变流量采暖系统；在每个单元安装楼用超声波热量表记录整栋楼的耗热量，并在每个散热器上安装具有数据远传功能的电子式热分配表，以记录每组散热器的耗热量；系统控制方式为在每个单元热入口立管安装自力式压差控制阀，散热器装两通温控阀，系统成为变流量系统；散热器前安装恒温控制阀，根据用户设定自动对散热器的供水流量进行控制。干管和热力入口安装压差平衡法，调节系统产生的水力失调，保证系统的压力工况。见图 6-37 ~ 图 6-40。

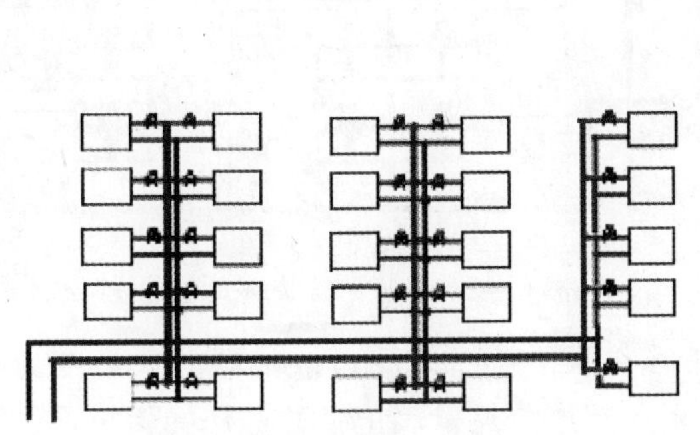

图 6-37　垂直双管采暖系统示意图

图 6-38　无线远传电子式热分配表

图6-39 超声波热计量表

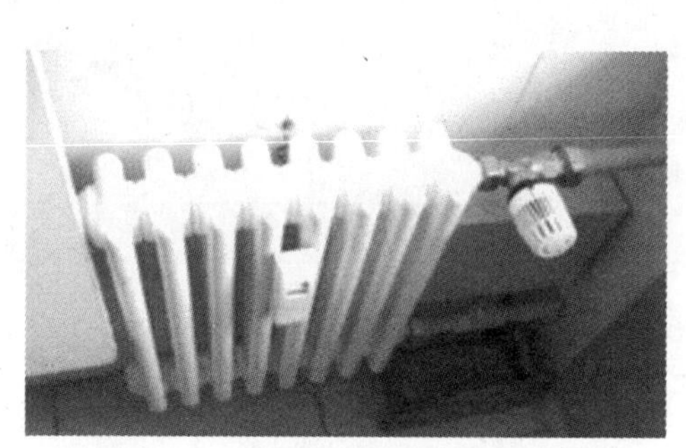

图6-40 两通自动恒温控制阀

512号楼采用户内分环供热系统，见图6-41。在每个单元的楼梯间设立供回水主立管，然后分户成环，实现双管水平并联系统，进入每家的供水管热量表前安装过滤器；每个单元安装楼用超声波热量表，并在每个住户的热入口处安装户用热量表，其中第一单元的住户安装了户用超声波热量表，二、三单元安装户用机械式热量表；为了验证对比户用热量表与热分配表的计量一致性，又在每个散热器上安装了电子式热分配表；系统控制方式为在每个单元入口安装自力式压差控制阀，同时在每家的入户处安装压差控制阀，散热器装两通温控阀，系统成为变流量系统。

515号楼采用垂直单管跨越式采暖系统，见图6-42。

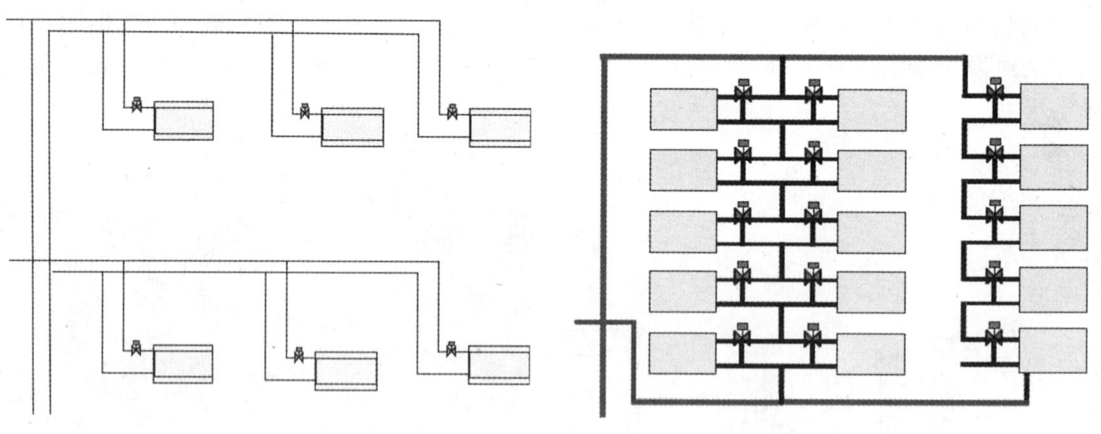

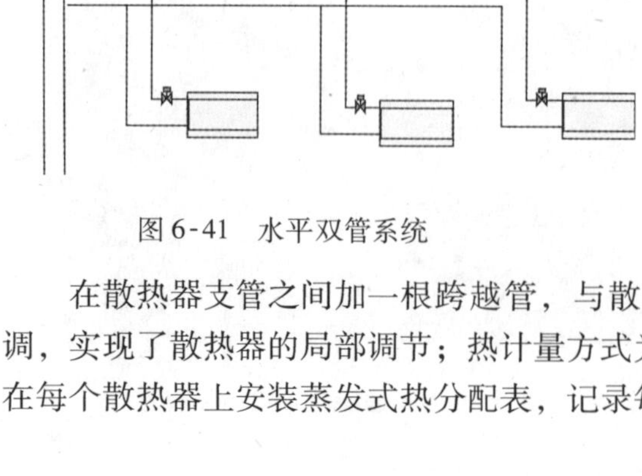

图6-41 水平双管系统

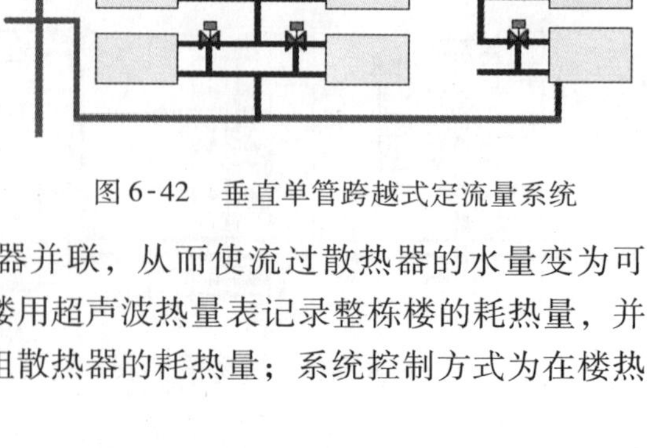

图6-42 垂直单管跨越式定流量系统

在散热器支管之间加一根跨越管，与散热器并联，从而使流过散热器的水量变为可调，实现了散热器的局部调节；热计量方式为楼用超声波热量表记录整栋楼的耗热量，并在每个散热器上安装蒸发式热分配表，记录每组散热器的耗热量；系统控制方式为在楼热入口安装自力式流量控制阀，散热器装三通温控阀，在运行中系统的总流量不会随温控阀的调节而变化，因此该系统为定流量系统。

提高使用功能。为了让居民了解使用功能改善的意义和所需费用，项目选择 509 号楼 2 单元的 15 户进行厨房和卫生间示范性改造。拆除楼梯间废弃的垃圾道、粉刷楼梯间墙面、粉刷楼梯栏杆、修复粉刷电表箱等。卫生间改造见图 6-43。

图 6-43　卫生间改造前后的对比

可再生能源的利用。原楼梯间没有照明灯，改造后在每个门洞楼顶安装了太阳能电池板，在楼梯间每层顶安装 LED 声光控照明灯，利用蓄电池中的电能照明。

唐山既有居住建筑综合节能改造示范工程改造方案的制定，既充分听取了中外专家的意见和建议，也充分采纳了住户的各种意见和建议，体现了德国既有居住建筑综合节能改造的理念，实现各种资源的综合应用，实现最大限度的节能和资源整合。

6.2.4　施工与质量保证

既有居住建筑节能改造施工与新建建筑施工有很大的差别，主要表现在施工作业基础、施工环境、施工进度安排等方面。

1. 施工项目

（1）拆除原有屋顶保温层、防水层、挑檐板，新砌女儿墙，做聚苯板保温、SBS 防水层，更换 UPVC 雨水管。

（2）加固阳台。

（3）拆除原有外窗，更换为中空玻璃塑钢内平开窗。

（4）增加外墙外保温。

（5）原有木质单元门更换为保温防盗门。

（6）室内采暖系统改造。

（7）室内卫生间翻修。

（8）雨篷、建筑外立面装修改造。

2. 施工流程

（1）现场准备。进场后首先进行施工现场平面布置，对现场进行封闭，从减少对居民生活影响、保证居民安全、方便施工的角度出发对现场进行规划。明确划分施工作业区和居民生活区，搭设安全通道。

（2）拆除散水、勒脚和阳台基础。示范工程设计要求外墙外保温做到散水以下200mm，阳台基础勒脚做防水、保温，因此需拆除散水、勒脚和阳台基础。

（3）拆除空调、窗罩，搭设双排脚手架。既有建筑外墙普遍挂有空调，安装窗罩，进场就要组织业主拆除窗罩和空调，为脚手架搭设、卷扬机、上人通道、安全防护、屋面防护棚施工创造条件。

（4）阳台加固。外脚手架搭设完毕，验收合格后，立即组织阳台加固，为窗安装、保温施工做好准备。

（5）外窗更换、基层处理。外脚手架搭设完毕，验收合格后，开始处理外墙附着管线，外墙基层处理，检查墙面空鼓情况，剔凿、抹灰，同时拆除窗套及窗口外侧抹灰层，为外窗更换做好准备，待窗进场后结合安装进度组织集中拆除。

（6）屋面工程。屋面防护棚搭设完毕后立即开始屋面施工，以加快防护棚周转，为后续工序创造条件。

（7）外墙外保温施工。外墙基层处理、外窗更换完毕后，进行外墙面清洗、测量放线进行外墙外保温施工。

（8）暖气、给水改造开工后即可进行，卫生间改造待给水改造完成之后进行。

（9）粉刷楼梯间，安装窗罩、空调，拆除外脚手架，现场恢复、清理。

3. 施工组织

在示范工程的施工中，首先按照工程建设的基本程序，分别与施工单位、设计单位、监理单位、检测机构签订合同，明确各个主体的工作内容、工作程序，建立基本的组织机构。此外，由德国专家在现场进行人员培训、技术指导和质量把关。同时成立了现场指挥部，负责协调居民和施工单位、施工单位与监理单位和设计单位之间的关系。主要工作包括：

（1）根据现场情况组织好施工用水和用电。通过协调热力公司，从距施工现场1500m的热力站引入工程用电；通过与自来水公司协调，从居民家中引出工程用水。

（2）安排好施工人员的住宿。通过协调燃气公司，把该公司在附近未用的工房，作为施工工人的住宿用房，解决了施工人员住宿不好安置的问题。

（3）与施工单位和监理单位共同编制好施工组织设计和监理规划。在施工组织设计和监理规划编制时，要求施工单位和监理单位充分考虑既有建筑施工项目的特点，对每个施工项目制定出详细的组织设计和监理规划。

（4）组织好施工协调。对于施工单位确定的需要入户的施工计划，要求施工单位在施工实施前1～2日，报工程指挥部，由指挥部电话通知居民，居民按照通知调整工作时间，在家留人配合施工。

（5）建立周四大例会，每日小例会，遇到问题及时召开协调会。在具体施工过程中，每周四由监理单位主持召开包括建设、施工、设计等单位和德方专家在内的施工协调会，对施工进度、施工质量、下一步工作安排等进行总结和部署。每日开工前，建设、监理、施工单位对上一日的施工情况进行总结，对当日的施工情况进行安排。在施工过程中，如果遇到较大的问题，则由建设单位组织设计、施工、监理等人员，召开协调会，对出现的问题进行集中解决。

4. 工程监理

在工程建设中，监理制度是建设工程质量的重要保证。按照我国法律法规的要求，唐山项目办选择了唐山理工监理有限公司负责示范工程节能改造项目的监理。同时，该项目聘请德国 SP 建设设计有限公司代表项目进行监理和技术指导。

通过唐山示范工程的监理工作对比可知，德国的监理工程师权力远大于中国。在德国，建筑设计公司不但进行设计方案的策划、设计工作，同时也负有监理职责。在节能改造工程中，设计公司不但要进行节能改造的设计工作，同时还负责对工程进行预算分析，要求他们的预算和工程决算不超过 ±10%，如果实际工程费用比预算的少，则设计公司可在减少投资的部分获取 20% 的佣金，如超过预算 ±10%，则设计公司要受到相应的处罚。工程进入施工阶段，设计单位委派专业的技术人员负责监理，监理对施工质量负责。在工程的每一个关键阶段，必须通过监理验收合格出具签字证明后，业主才可以向施工单位付款。由此，可以看出我国的建筑施工监理制度还有待进一步完善。

5. 质量保证

（1）做好施工准备工作

①通过图纸会审解决各专业之间的交叉与协调问题，进一步找出设计中存在的技术问题，从图纸上解决问题。通过设计交底让施工人员充分理解设计意图，了解施工的各个环节。

②施工单位和监理单位根据施工图和施工现场的实际情况，编制具体的施工方案和监理规划，做好施工总体部署。

③ 建立专门的协调会议制度，解决施工过程中的各种问题。

（2）加强施工全过程质量管理

① 选择操作技能和质量意识过硬的操作人员，做好节能改造工艺的岗前培训和交底，指导工艺做法、技术要点和标准。

②严格控制原材料的选择、检验、保管和使用。

③ 既有建筑节能改造工程工期短、工作内容多、室外高空作业多、入户作业多，要结合实际及时解决施工过程中出现的各类问题。

④及时检验每道工序的质量。

（3）积极发挥居民的监督作用。

6.2.5　投融资模式

1. 学习与借鉴

德国在既有居住建筑综合节能改造方面有一个能够良性循环的投融资体制。在德国，住房大都归政府下设的房屋公司或个体的房屋公司所有，居民住房大都采取租住的方式，住房的产权归这些房屋公司所有，房屋公司对房屋实施统一管理。房屋公司作为既有建筑综合节能改造主体，向银行申请节能改造贷款，德国国家复兴银行专门为既有居住建筑综合节能改造提供低息贷款。同时，德国政府还将根据二氧化碳减排水平为节能改造项目提供不超过10%的资金支持。房屋公司可以通过提高租金归还贷款，这样房屋公司每年还有不超过6%的利润。因此德国既有居住建筑综合节能改造能够良性循环。

我国是住房私有化程度非常高的国家，绝大部分居住建筑的产权都归个人所有，即一户一个产权。在河北1号小区示范工程135户居民中，只有14户居民是公房租住户，其他住户均投资购买为属于自己的产权。在这种条件下，采取什么样的投融资机制是值得我们去深入思考的，它将是我国能否规模化开展既有居住建筑综合节能改造的关键。

考虑到示范工程具有一定的试点性质和将来居住建筑节能改造融资的带动效应等特殊性，为了保证示范工程能够顺利实施，唐山项目管理办公室经多次与居委会、居民事务协调委员会探讨，最终形成统一的融资办法。改造费用分项承担情况见表6-17。

改造费用分项承担情况 表6-17

	政　府	中德项目	居　民	供热企业	产品企业
外保温工程	✓	✓			✓
屋面工程	✓				✓
外窗工程		✓	✓		
阳台加固工程	✓				
楼宇门		✓			
楼梯间粉刷		✓			
采暖系统	✓		✓	✓	✓
雨　棚	✓				
修　复	✓	✓			

2. 改造费用分担

本次节能改造融资办法主要是依据“谁投资，谁收益”的原则，融资具体情况说明如下：

（1）完全由政府承担的节能改造项目是外墙外保温系统、屋面保温系统、单元门、楼道入口雨篷、信箱及所有施工费用。

（2）由供热企业承担的项目是室内供热系统管道安装和施工费用。

（3）由政府和居民共同负担的项目和取费标准：暖气片市场定价为300元/组，其中每组暖气片政府承担240元，占80%；每组暖气片居民承担60元，占20%。

（4）完全由居民承担的项目是更换外窗的费用。但是，PVC塑料中空玻璃窗采购价为260元/m^2，实际操作过程中，是按照PVC塑料中空玻璃平开窗价格210元/m^2、PVC塑料中空玻璃推拉窗工程价格180元/m^2向居民进行收取的，其余部分由项目给予补贴，引导居民使用PVC塑料中空玻璃平开窗。

（5）居民原自行安装的外窗定价及折价标准：旧PVC塑料推拉窗定价170元/m^2，按80%折价，即136元/m^2；旧铝合金推拉窗定价140元/m^2，按60%折价，即84元/m^2；

旧钢窗（木窗）定价 60 元/m^2，按 40% 折价，即 24 元/m^2；安装双层外窗的，取定价高的进行折价，不进行重复折价。折旧部分的资金由项目进行补贴。

（6）居民原自行安装的防护栏定价及折价标准：原有旧窗户防护栏定价 30 元/m^2，按照 50% 进行折价，即 15 元/m^2。防护栏的折价部分由项目进行补贴。

（7）外窗防护栏安装要求和取费标准：新安装窗户防护栏按国家防火要求仅限于一层，新防护栏 50 元/m^2。按照设计标准统一组织安装。

（8）与节能改造工程无关、但是能够改善居民居住环境的费用由政府承担。如，楼梯间粉刷、信箱和楼道太阳能灯的安装等。

6.2.6　经济性分析

1　改造成本构成

表 6-18 为示范工程的造价统计。

3 栋示范建筑节能改造造价统计一览表　　表 6-18

建　筑　物	建筑面积（m^2）	总 造 价（元）	单位造价（元/m^2）
509 号楼	2156	1306816.61	606.13
512 号楼	2156	1251540.87	580.49
515 号楼	2156	1218085.54	564.97
平　　均	2156	1258814.34	583.86

在进行唐山节能改造示范工程的原始成本分析时，应该注意以下因素：

（1）唐山既有居住建筑节能改造示范工程是一项综合节能改造工程，涉及了节能改造、结构安全改造、维护修缮改造等。

（2）改造过程中对屋面进行了彻底翻造，对阳台进行了加固，增加了预算外成本。

（3）作为示范工程，一些节能改造应用的产品和技术，具有一定的前瞻性，采用的标准较高，在一定程度上增加了改造成本。

（4）由于初次实施全面的节能改造，尽管进行了周密的项目准备和测试，人员培训，在工程中仍然出现了一些失误和返工，增加了工程成本。

（5）改造的项目近有 3 栋楼，合计 6000 多 m^2，规模效益尚需进一步补充。

表 6-18 显示，示范工程的造价较高。分析其原因如下：

（1）屋顶保温层和防水层全部拆除，重新做保温层和防水层，砌新的女儿墙，屋面安装了临时雨篷。509 号楼和 515 号楼的屋面保温材料使用 140mm 聚氨酯板，材料费较高。如果采用挤塑板，可显著降低成本。

（2）门窗。外窗制作和安装过程中，由于尺寸不统一，生产不能规模化，使其费用增加。另外，由于 509 号楼使用了 Low-E 玻璃，增加费用为 140 元/m^2。

（3）阳台加固。

（4）工程变更等方面。一些现场发生、事前未能预料的事项。如，拆除居民在外墙上自行做的保温等等。

（5）临建和围挡。

（6）其他费用，包括工程施工过程产生的所有不可预见的费用。

2. 节能改造成本

扣除上述不合理因素，对屋面、门窗、阳台加固、采暖系统等改造项目进行组价，则示范工程的改造成本分析如表 6-19 所示。

扣除不合理改造成本后的分析表　　**表 6-19**

序　号	项目名称	建筑面积（m^2）	总造价（元）	单方造价（元/m^2）
1	外墙外保温工程	2156	196057	90.94
2	屋面改造工程	2156	118555	54.99
3	门窗改造工程	2156	170279.8	78.98
4	室内暖气改造工程	2156	194043.33	90.00
5	其他	2156	107800	50
	合计	2156	786735.13	364.90

表 6-20 分析了外墙外保温和屋面工程中包含正常维修项目费用。示范工程供热系统已经使用近 30 年，到了更换周期，因此室内采暖系统的改造属正常的维修更换，不应纳入示范工程节能成本。如果扣除综合节能改造中的维修费用，则实际节能改造成本为 172.9 元/m^2。

扣除各项维修费用后的纯节能改造造价分析表　　**表 6-20**

分项工程名称	总造价（元）	维修范畴（元）	节能范畴（元）	备　注
一、屋面工程	99634.33			屋面 PU 改 PPS
1. 拆除		74.4		
2. 新做			81360.84	
3. 防水		18199.09		
二、外墙外保温	116352.22			德国系统改国内系统
1. 外墙面处理		13484.14		
2. 外墙保温			102868.08	
三、门窗	168542.22			Low-E 玻璃改普通玻璃
1. 旧窗拆除		12831.88		
2. 窗户安装			155710.34	

续表

分项工程名称	总 造 价（元）	维修范畴（元）	节能范畴（元）	备　注
四、脚手架及垂运系统	19895.88	19895.88		
五、室内暖气改造	188213.62	188213.62		垂直双管系统
六、设计费	11852.77		11852.77	
七、监理费	11852.77		11852.77	
八、项目管理费	17779.15		17779.15	
合计（元）	634122.96	252699.01	381423.95	
经济指标（元/m^2）	287.45	114.55	172.90	

唐山河北 1 号小区三栋既有居住建筑综合节能改造包括了修缮、改善使用功能和节能改造的总费用。按照德国成本分析方法，综合节能改造可以从总体上减少建筑物的修缮成本，延长建筑物的寿命。唐山示范项目为屋顶防水、阳台加固投入了相当高的费用。采暖系统经过三十年使用管道严重腐蚀，跑冒滴漏现象严重，建筑物公共部分缺损严重。如果扣除这部分改造成本和示范项目中的“学费”，则实际用于节能改造的成本仅为 172.9 元/m^2。这里需要指出的是，对于已使用 20～30 年的建筑物，进行修缮、提升使用功能和节能改造的综合节能改造是非常必要的。按照 2006 年物价水平，综合节能改造成本控制在每平方米建筑 300～350 元较为合理。

6.2.7　节能改造效果

1. 节能效益

3 栋示范楼在改造前室内平均温度 15.5℃，改造后室内平均温度 23.1～23.9℃，不考虑室外气候差异、室外管网与锅炉效率影响下，采用建筑面积计算实测终端能耗节能效果在 27%～40%之间。计算结果见表 6-21。

两个采暖季实测采暖能耗计算对比　　**表 6-21**

楼 号	改造前 2005～2006 采暖季				改造后 2006～2007 采暖季				节能效果
	建筑面积（m^2）	室内温度（℃）	采暖能耗（kWh/a）	单位面积能耗 [kWh/(m^2·a)]	建筑面积（m^2）	室内温度（℃）	采暖能耗（kWh/a）	单位面积能耗 [kWh/(m^2·a)]	
509	2045.00	15.5	219592.2	107.38	2215.78	23.9	141696.6	63.95	40%
512	2045.00	15.5	221204.6	108.17	2215.78	23.7	174333.8	78.68	27%
515	2045.00	15.5	221649.4	108.39	2215.78	23.1	148479.8	67.01	38%

建筑物实测采暖能耗受室外空气温度、室内空气温度、采暖天数影响，但改造前后采暖季的室外温度均为 0℃，采暖天数均为 133 天，所以只需按室内温度对其进行修正，换算为项目设计室内温度 18℃下的采暖耗热量。换算方法是室内温度每增加 1℃，采暖能耗

增加6%，换算结果见表6-22。

两个采暖季室内温度18℃工况下采暖能耗计算对比 表6-22

楼号	改造前2005~2006采暖季				改造后2006~2007采暖季				节能效果
	建筑面积 (m^2)	室内温度 (℃)	采暖能耗 (kWh/a)	单位面积能耗 [kWh/(m^2·a)]	建筑面积 (m^2)	室内温度 (℃)	采暖能耗 (kWh/a)	单位面积能耗 [kWh/(m^2·a)]	
509	2045.00	18	246733.8	120.65	2215.78	18	103991.7	46.93	61%
512	2045.00	18	248545.5	121.54	2215.78	18	127944.3	57.74	52%
515	2045.00	18	249045.3	121.78	2215.78	18	108969.9	49.18	60%

由于2006年夏天正处于施工期，无法准确监测电量消耗，无法比较节能改造前、后夏季用电量的变化。因此，对节能改造前后的冬季采暖期间（11月5日~4月5日）5个月的用电量进行分析，结果如表6-23所示。

节能改造前后冬季采暖期的用电量分析 表6-23

建筑物	耗电量（kWh/月）		节电率
	改造前	改造后	
509号楼	2937	2517	14.30%
512号楼	3936	2772	29.57%
515号楼	2793	2490	10.85%

从用电量结果看出，改造后的冬季用电明显降低，特别是512号楼，降低了近30%。主要原因是改造前80.8%的住户采用了空调、电热器、电热毯作为辅助取暖设备，改造后室内温度提高，辅助取暖设备基本不用。

实测数据表明，改造后3栋示范楼的室内热环境较好，能满足居住者的热舒适需求。与改造前的室内热环境相比较，整体热环境得到改善。改造后的平均温度为23.88℃，较改造前的室内平均温度15.51℃提高了8.37℃。

在室内外压差50Pa下改造后进行的气密性能测试，3栋楼单元平均的换气次数由9.8次/h降低到3.2次/h，改造后的换气次数有了明显的降低。

2. 环境效益

既有居住建筑综合节能改造，不仅可以节约大量能源、改善建筑物的外观和室内居住环境，还可以改善当地的环境质量。节能改造后，节能改造示范项目及唐山市需要改造的既有居住建筑的有害物质减排量及固体垃圾影响分析见表6-24和表6-25。

室外管网与锅炉未节能改造时有害物质减排量计算结果 表6-24

排放物质	节煤量 (kg/m^2)	二氧化硫 SO_2 (t)	粉尘 (t)	一氧化氮 NO (t)	CH类化合物 (t)	二氧化碳 CO_2 (t)
509号楼排放量	21.56	0.061	0.485	0.397	0.022	114.634
唐山地区	—	1207.4	9486.4	7761.6	431.2	2242200.0

节能改造对固体垃圾影响分析　　表 6-25

影响范围	削减垃圾（煤灰）（t/a）	产生的建筑垃圾（t）	建筑垃圾折算数（t/a）	年削减垃圾数（t/a）
示范工程	53.77301	233.1288	7.760736	46.01227
示范小区	1753	7600	253	1500
唐山市	306800	1330000	44333	262467

3. 社会效益

对3栋示范建筑共135户居民的调查结果显示，居民对节能改造效果满意率达到100%，改造后的室内平均温度在22℃以上，比改造前提高了8℃；室外交通噪声和工业粉尘的污染明显减轻，从而明显地改善了居民的居住环境。

通过既有建筑节能改造，供热质量明显改善，加之实行供热分户计量，提高了供热企业的热费收缴率，同时减轻了供热企业维修维护供热系统的工作量，保证了供热企业的正常运营。

6.2.8　经验结论

总结唐山既有居住建筑综合节能改造的经验，可归纳出以下要点：

（1）做好群众工作是既有居住建筑节能改造工程顺利实施的关键。

（2）基础数据调查是节能改造工程实施的前提。

（3）科学合理的方案设计是达到建筑节能效果的根本。

（4）施工组织与管理是达到既有居住建筑综合节能改造效果的保障。

（5）“谁投资，谁受益”的原则是既有建筑节能改造资金筹措的指导思想。

6.3　乌鲁木齐市操场巷小区节能改造项目

6.3.1　项目概况

1. 自然条件

乌鲁木齐市作为新疆维吾尔自治区首府城市，是自治区政治、经济、文化、科技、信息中心，是自治区的综合交通枢纽和开发大西北的重点城市，同时也是连接中亚、西亚、欧洲贸易通道的重要接合点。乌鲁木齐市现辖7区1县、2个开发区和1个出口加工区，三面环山，市区南北长26km，东西宽6～12km，建成区面积约170km²，市域面积14216.3km²，常住人口已达到311万人①。

乌鲁木齐市位于中国气候分区的第Ⅶ区，气候干燥，降雨量少，蒸发量大，日照较充足，昼夜温差大，冬季寒冷，夏季炎热，春秋时间短，冬夏时间长，属于典型的大陆干旱

---

① 2011年5月统计。

性气候。该市属于严寒地区，采暖室外计算温度为－22℃；一月份平均气温为－13.5℃，极端最低气温为－30℃；七月份平均气温为23.5℃，极端最高温度为38℃；全年平均气温7.9℃，平均相对湿度为29%。

行业标准《居住建筑节能设计标准（采暖居住建筑部分）》JGJ 26-95规定①：乌鲁木齐市采暖期天数162天；计算用采暖期室外平均温度为－8.5℃，采暖度日数HDD18为4293。实际采暖期天数为183天（10月15日～次年4月15日），根据1985～2006年气象数据统计采暖期室外平均温度为－4.4℃。

2. 建筑节能开展情况

乌鲁木齐市的能源结构目前以煤为主，使用量约占90%。建筑采暖造成的污染占乌鲁木齐冬季污染总量的60%。每年由于冬季供热燃煤向大气排放的CO_2、SO_2及悬浮颗粒等有害气体约11万t，冬季平均每天排放600多吨，城市环境污染状况十分严重。乌鲁木齐市煤烟型污染的主要原因之一是由冬季供热引起的。

2003年4月15日新疆对新建居住建筑全面实施节能50%标准，公共建筑2007年实施50%标准。2005年，乌鲁木齐市颁布了《乌鲁木齐市建筑节能管理条例》；2008年印发了《乌鲁木齐市建设领域节能减排实施方案》，明确了“十一五”节能减排目标。2005年，乌鲁木齐市率先实施由政府资金引导的既有建筑节能改造，至2008年底，政府共投资1.18亿元实施了73万m^2既有建筑节能改造试点示范项目，带动全社会改造面积约200万m^2。目前既有建筑节能改造示范工程采取5:3:2的资金融资模式，即政府出资50%，单位出资30%，产权个人出20%。

6.3.2 操场巷小区示范项目

1. 操场巷小区概况

操场巷住宅小区，坐落于乌鲁木齐市新民路与红山路交会处，北邻华凌市场，南邻北门，东接军区住所，处于城市繁华地段。

操场巷住宅小区由乌鲁木齐市房地产开发集团建设管理，该小区为1984～1990年建造的6～7层砖混结构单元式住宅，清水砖墙。示范工程选取其中8栋建筑实施改造，抗震设防烈度为7度，建筑面积2.17万m^2，涉及居民349户，见图6-44。

该小区房屋产权比较复杂，主要产权为乌鲁木齐市房地产开发（集团）有限公司（以下简称“市房地产开发公司”），大多数为出租房，部分为私产房。根据前期入户调查，公租房比例为62.81%，私房比例为37.19%。住户职业涵盖的面广，收入水平差距较大。

2. 改造原则

乌鲁木齐市是中德技术合作“中国既有建筑节能改造项目”第二批示范城市，其示范项目经验将对新疆既有建筑节能改造工作产生积极的推动作用，并直接影响中国北方采暖地区节能改造的实施。确定示范项目的改造原则为：

---

① 2010年8月1日起，JGJ 26-95已废止，而执行《严寒和寒冷地区居住建筑节能设计标准》JGJ 26-2010。

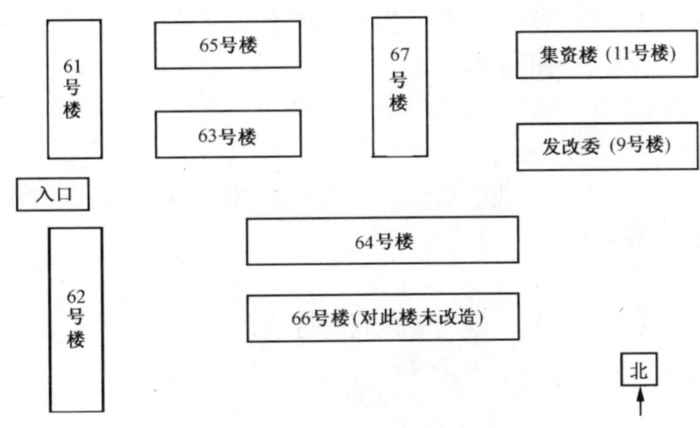

图6-44　操场巷住宅小区总平面

（1）重点改造1984～2002年期间建造的、存量大且未做过节能改造的既有居住建筑。

（2）采暖期房屋结露现象严重的既有居住建筑。

（3）单位和居民对节能改造积极性较高的既有居住建筑。

（4）居民收入相对稳定，能在一定程度上承担改造费用。

（5）成片小区综合改造。

基于以上条件考虑，项目组确定了操场巷住宅小区为中德技术合作——乌鲁木齐市既有建筑节能改造工程示范项目。

3. 节能改造前情况

对既有建筑进行改造，改造前的现状调查是非常必要的，只有这样才能针对具体情况制定出适当的改造方案。前期调查包括外围护结构的基本情况调查和建筑物理性能测试。

外墙。外观现状差，清水墙墙体风化剥落现象普遍存在，部分楼栋外墙饰面破损、抹灰层脱落、阳台栏板开裂、局部缺损。部分楼栋山墙、卫生间外饰面剥落。

屋面。为不上人屋面，原屋面保温在结构层上铺200mm厚炉渣保温层［传热系数$K=1.0\text{W}/(\text{m}^2\cdot\text{K})$］。屋面排水为无组织排水，且排水侧为入楼侧。冬季冰棱悬挂严重，存有安全隐患。

外窗。原窗为双层单玻钢窗，玻璃厚5mm，空气层厚120～200mm之间［传热系数为$3.4\text{W}/(\text{m}^2\cdot\text{K})$］，气密性较差。8栋拟改造建筑中有69户住户更换了外窗，换成单框双玻PVC塑料窗［传热系数约为$2.8\text{W}/(\text{m}^2\cdot\text{K})$］，气密性也有较大程度改善。原建筑阳台为开放式阳台，大多数住户已将其封闭，但封闭阳台全部采用单层钢窗，加之阳台栏板未做保温处理，在使用中，阳台结露现象严重，阳台栏板内侧抹灰脱落严重。

地下室。8栋拟改造的建筑均有地下室，其使用功能为各住户储藏用房。地下室不采暖，地下室顶板未做保温处理。

单元门。单元入口均设有双向平开弹簧门，已使用多年，部分已损坏，密闭性能很差，入口未做防寒门斗。

楼梯间。1～3层安装散热器，通向地下室的门为铁栅栏门。

采暖系统。已经过改造，为以一单元为单位的水平分环采暖系统。热力入口为单元入口，已安装单元热表，全部使用正常。

室内。首层、顶层住户外墙内表面结露现象严重。各层靠山墙部位冬季有结露现象，现场调查发现靠山墙住户的内表面均发现有霉变现象。

卫生间。原设计的卫生间无洗浴功能，住户在使用中由于洗浴造成墙面渗漏现象，外墙和分隔墙均出现不同程度损坏。

4. 组织实施

为保证示范工程的顺利实施，以期能达到改造的预期目标，操场巷居住小区示范工程的前期准备工作起到至关重要的作用，这也对以后大规模的既有建筑节能改造工作起到很好的示范作用。

前期的准备工作包括组织机构、方案设计、基本情况调查、项目资金筹措和群众工作等方面。

由于此次节能改造涉及的部门和机构很多，为了加强各方面的协调工作，保证整个项目的顺利执行，2008 年 1 月，乌鲁木齐市政府成立了由主管副市长为组长，各相关委、局主管领导为成员的领导小组，主要职责是对项目实施进行指导，协调解决工程中可能遇到的重大问题。

市政府投资建设工程管理中心（以下简称“建管中心”）主要负责现场的施工管理，制定可行的施工进度计划。

市房地产开发公司主要负责群众工作的开展，包括宣传、入户调查、签订改造协议、处理施工中居民遇到的问题以及收取改造费用等细致工作。

德国国际合作机构 GIZ 为本项目提供 120 万元人民币的资金支持，并主要负责节能改造现场施工的技术支持。

节能改造工程施工由两个建筑公司承担，其一为市房地产开发公司下属的检修和安装公司，另一个单位为天山地质建筑公司。

该项目有三个甲方，即乌鲁木齐市建设委员会、市房地产开发公司和建设管理中心。项目现场确定一个技术总负责人，重要事项上会研究，日常施工过程中遇到的急迫问题直接请示该负责人，由该负责人安排处理。加强质量管理，责任落实到位，并有完整的档案系统。

如前所述，该小区已使用 20 年左右，各个系统也都相应地运行了多年，如热力系统、电力系统和电信系统等，均存在需要改造的工作内容。改造过程中各部门具体职责如下。

电信公司：电信线路的改装，电信交换机箱的移位安装。

交警大队：示范小区处于市中心地带，在工程施工过程中需要对施工车辆协调通行。

执法局：保证施工现场的安全有序。

街道办事处：协调有抵触情绪的群众，进一步做好群众思想工作。

热力公司：施工过程中协调供热企业安装楼栋和单元热表，并协调进行采暖系统的试压。

燃气公司：负责燃气管道的保护和改装。

电业公司：电力公司作为合作单位对建筑外表面的明装线路进行了改线，保证了墙面的平整度，为外保温施工提供了便利和质量保证。

消防局：保证消防通道的通畅。

市节能墙改办：材料的把关和认证，确保工程采用的材料均是合格产品。

5. 资金来源

该改造项目工程概算（按建筑面积计算）以总面积 21700m^2 计算，估算总投资为 870 万元。其中：

市政府配套资金 450 万元；

市房地产开发公司自筹 250 万元；

德国技术合作公司支持 120 万元；

单位、居民自筹 50 万元。

6. 减少扰民的措施

在施工当中要做到施工单位和群众关系和谐，就必须将一些事务制度化和条理化，施工单位必须制定严格的入户约束制度，做到以下几点：

（1）和住户约定进户的时间表必须严格执行。

（2）入户前的材料准备必须制度化。

（3）在户内施工的施工计划和进度必须严格制定和执行。

（4）保证住户财产绝对安全。

（5）对室内装修的损坏补偿或修复必须保证工作的高效率。

6.3.3 改造方案

1. 综合节能改造方案

（1）确定改造目标

经过中、德专家对操场巷小区现场考察，多次探讨，技术交流，对示范工程的改造方案目标达成一致：为起到示范作用，同时为乌鲁木齐市今后既有建筑节能改造确定最佳方案，对 8 栋建筑提出进行大改、中改和小改的三种改造方案。按照小改方案改造后建筑节能率达到 50% 的节能标准，中改方案建筑节能率达到 65% 的节能标准，大改方案建筑节能率大于 65% 的节能标准。

通过小改、中改和大改方案对比，三种改造方案会产生不同的节能结果和不同的室内空气品质和热舒适环境，大改、中改和小改方案至少用在两栋建筑物改造中，为乌鲁木齐市的既有居住建筑节能改造总结经验，积累数据，起到示范和引导作用。依据改造的可行性，最终讨论确定了大改、中改和小改方案的建筑物，其面积分布见表 6-26。

（2）主要技术措施

乌鲁木齐市的既有居住建筑节能改造中，主要采取的技术措施如下：

外墙。在不影响结构安全的前提下，剔除凸出的线条以及外挑部分的混凝土窗框、窗台。

乌鲁木齐市操场巷小区不同改造方案建筑物及面积分布 表6-26

方案类别	楼栋数	建筑物	面积（m^2）	不同方案改造总面积（m^2）
小改方案	4栋	61号楼	2812.32	10377.72
		63号楼	1895.4	
		64号楼	2835	
		67号楼	2835	
中改方案	2栋	62号楼	4371.15	6577.91
		65号楼	2206.76	
大改方案	2栋	集资楼	1701.13	3587.26
		发改委楼	1886.13	

挑檐。对于无组织外排水的挑檐部分，在春秋过渡季挑檐上挂冰柱，既影响顶层采光，同时冰柱掉下还有可能对人体产生伤害。因此，在可能的情况下拆除挑檐，并向上砌筑750mm女儿墙，做有组织内排水（后来经过检查，挑檐与屋顶板为整体结构，敲掉挑檐对结构安全产生隐患，经过与专家协商，采取了其他解决方案）。

阳台。原非封闭阳台为挑出阳台，封闭后为采暖空间，为减少传热耗热量，两侧应采取封闭措施，保温方法同阳台栏板，封闭窗与主体结构窗相同，由于增加了荷载，需要对阳台做静力安全性实验或计算，若不能满足结构安全性要求，则必须对阳台进行加固。

地下室顶板。保温的同时，应沿隔墙下反，避免热桥的影响。通往地下室的门应封闭并做保温处理（因楼梯间采暖，后者在施工中未实施，通过后期测试发现，此处确实出现漏热现象）。

排烟道。对于已经停用的排烟道，予以拆除或封堵，以提高建筑物密闭性。

外窗。窗户与外墙平齐，安装保温板盖住窗框一半，以消除热桥，在大改方案上，保温板与窗框之间利用止水条做防水处理，增加窗户的密封性能。

新风。通风系统改造方案：小改方案为利用窗缝通风，不安装新风系统；中改方案为采用朗士新风系统；大改方案为在采用朗士新风系统的同时，增加时间控制器自动控制运行时间。

操场巷小区综合节能改造不同方案所采取的技术措施见表6-27。

乌鲁木齐市操场巷小区综合节能改造技术措施 表6-27

序号	节能改造分项工程	原做法	小改方案	中改方案	大改方案
1	山墙	清水墙	100厚EPS板薄抹灰	120厚EPS板薄抹灰	140厚EPS板薄抹灰
2	外纵墙	清水墙	100厚EPS板薄抹灰	120厚EPS板薄抹灰	140厚EPS板薄抹灰
3	外窗	双层空腹钢窗外开	60系列PVC塑料单框中空玻璃内平开窗	65系列PVC塑料单框三玻内平开窗	65系列PVC塑料单框三玻内平开窗

续表

序号	节能改造分项工程	原做法	小改方案	中改方案	大改方案
4	阳台窗	单层空腹钢窗外开	60系列PVC塑料单框中空玻璃内平开窗	65系列PVC塑料单框三玻内平开窗	65系列PVC塑料单框三玻内平开窗
5	窗　套	60mm厚挑砖	上口外贴60厚EPS板薄抹灰，另三面凿除	上口外贴90厚EPS板薄抹灰，另三面凿除	上口外贴50厚XPS板薄抹灰，另三面凿除
6	卧室外窗的挑凉台	300mm宽60mm混凝土板	凿除	凿除	凿除
7	檐口处理	外排水无女儿墙	新砌750mm高240砖女儿墙改内排水，翻贴保温板，铝合板压顶	新砌750mm高240砖女儿墙改内排水，翻贴保温板，铝合板压顶	新砌750mm高240砖女儿墙改内排水，翻贴保温板，铝合板压顶
8	屋　面保温层	200mm厚炉渣	保留原屋面后用60mm厚聚氨酯喷涂	保留原屋面后用60mm厚聚氨酯喷涂	保留原屋面后用80mm厚聚氨酯喷涂
9	屋　面防水层	二毡三油	保温防水一体化	保温防水一体化	保温防水一体化
10	阳台底板	无保温	60厚EPS板薄抹灰	80厚EPS板薄抹灰	80厚EPS板薄抹灰
11	地下室顶　板	无保温	60厚EPS苯板薄抹灰	80厚EPS苯板薄抹灰	80厚EPS板薄抹灰
12	地下室外　墙	120砖或370砖	向下贴60EPS	向下贴60EPS	向下贴60EPS
13	一层门斗	无门斗	新增砖门斗	新增砖门斗	新增砖门斗
14	一层外门	弹簧平开木门	门斗外安防盗保温钢门	门斗外安防盗保温钢门	门斗外安防盗保温钢门
15	地下室楼梯入口	无处理	装隔离保温门	装隔离保温门	装隔离保温门
16	一　层防护栏杆	有	维修后重新焊装	维修后重新焊装	新安装铁艺栏杆
17	采暖系统	每层水平串联	分户解列 水平单管跨越，每组上安装手动温控阀	分户解列 水平单管跨越，每组上安装手动温控阀	垂直双管系统，每组上安装温控阀。采暖系统节能设计： 1. 原有的垂直单管采暖系统全部改造成垂直双管采暖系统。 2. 原有四柱760型铸铁散热器更换为RK-65-060/10钢制散热器。 3. 实现分楼栋热计量，在楼宇热力入口加装楼栋热表，并且在就近单元加装数字传输显示系统。 4. 实现分室室内采暖温度控制，加装分室温控阀

续表

序号	节能改造分项工程	原做法	小改方案	中改方案	大改方案
18	暖气罩	多数安装	全部拆除	全部拆除	全部拆除
19	暖气入口形式	2、3单元入口处地沟	每个单元入口处地沟	每个单元入口处地沟	每个单元入口处地沟
20	热控计量	无	安装单元温控热表及楼寓热表	安装单元温控热表及楼寓热表	安装单元温控热表及楼寓热表
21	通风设计	窗开启扇	窗开启扇	原通风道安装屋顶风机	原通风道安装屋顶风机，增加时温控制。需专门设计施工。安装朗仕新风系统

2. 新技术应用

通过学习德国的先进改造理念和技术，操场巷小区节能改造示范项目在满足基本节能标准的基础上，尝试采用了一系列新技术和新产品。

（1）厚度为140mm的EPS外墙外保温体系，采用断桥锚栓固定外墙保温EPS板。

（2）朗仕住宅同步新风系统。

（3）65系列PVC塑料单框三玻内平开窗（加止水密封胶条）。

（4）室内自动温控系统及热计量。

（5）太阳能庭院灯。

3. 施工中问题的解决

在操场巷小区建筑节能改造施工过程中，前期存在一定的问题，通过项目组专家现场检查和德方监理的现场指导，及时予以纠正。

（1）存在问题

① 墙体只做界面剂处理，没有找平。墙面管线没有做合理处理，尤其是壁挂空调没有移机。外窗没有更换完就先做保温，严重违反施工程序；

② 粘贴保温板没有用靠尺找平，更没有用木板认真敲击，以保证点框粘贴时结合面的附着力；

③ 保温板粘贴缝隙及平整度均超过标准的要求；

④ 锚栓长度不符合规程要求，部分锚栓受强力敲击严重损伤，有的甚至伤及保温板；

⑤ 外窗没有严格按照窗框与外墙并齐的要求安装，保温板也没有覆盖到窗框，由此形成热桥，且存在严重的节点开裂隐患；

⑥ 窗台滴水线用外贴EPS板，该种做法既危险又不可靠；

⑦ 勒脚部分直接贴到散水，底部无法处理，存在保温材料由于毛细管吸水变潮，影响保温性能。

（2）解决方法

针对施工中出现的问题，专家提出如下建议：

① 立即对施工人员进行培训和技术交底，立即改变施工工艺。对已经施工存在不符

合要求的地方进行全面整改；

② 窗台用整块苯板斜贴，与窗框结合部用止水条密封。其他部分将苯板覆盖到窗框，苯板与窗框用止水条密封；

③ 拆除外挂空调，在全面完工后再恢复。所有管线应该做好技术处理，要考虑到今后检修和改造时不会破坏外保温。煤气管道必须有安全距离，并有防火措施。建议在煤气管道上下 200mm 部位采用岩棉保温板；

④ 所有穿墙部位做好防水密封；

⑤ 勒脚部分按照德国专家意见更改。将原先深入散水下的保温做法，在散水上 200mm 处断开，避免通过毛细作用导致地下水侵蚀保温材料，降低材料的保温性能；

⑥ 屋顶上人孔需要保温处理；

⑦ 采暖系统改造需要入户认真调查，单管跨越系统要有施工图；

⑧ 女儿墙和挑檐处做彩钢板斜挡，防止积雪挂冰，伤害住户。

6.3.4　造价分析

该项目对八栋楼进行了节能保温改造、建筑修缮改造、提升实用功能改造、建筑外观美化改造和小区环境改造等内容。

1. 大改方案

大改方案项目单位建筑面积改造造价见表 6-28。大改方案项目改造内容较全面，例如 80mmPU 屋面保温、140mmEPS 外墙保温、单框三玻外窗、室内暖气改造、德国朗仕新风系统改造占了造价的主要部分。尤其是 140mmEPS 外墙保温、室内暖气改造的造价由于加装采暖系统热表及温控阀以及 140mmEPS 外墙保温中的断桥锚栓和界面剂的造价尤为突出。加之墙面修缮、剔平以及阳台栏板封堵及修复保温和提高使用功能费用使得大改项目工程造价较高，单位建筑面积改造造价平均为 571.07 元。如果去除其他费用，大改项目单纯进行节能改造的平均费用为 461.4 元，占总改造费用的 80.8%。

大改方案改造决算表（元）　　表 6-28

项　目	前期费用	节能改造工程施工费	修缮费	提高使用功能	不可预见费	总费用
发改委楼	25628.1	921155.7	48433.9	124552.7	7440.0	1127210.3
集资楼	17645.2	836875.8	52678.5	139896.9	1612.7	1048709.1
平均值	21636.6	879015.7	50556.2	132224.8	4526.3	1087959.7
单位面积平均值	11.36	461.40	26.54	69.40	2.38	571.07

2. 中改方案

中改项目单位建筑面积改造造价平均为 363.17 元，见表 6-29。由于中改项目改造内容较全面，故其改造造价也较高。如 60mmPU 屋面保温、120mmEPS 外墙保温、单框三玻外窗、室内暖气分环改造、不可预见费占据了造价的主要部分。中改项目单纯进行节能改造的平均费用为255.96元，占总改造费用的70%。另外，65号楼单方造价均高于62号楼，主要原因为建筑面积不同。62号楼总建筑面积为4989.78 m^2，远大于65号楼总建筑面积2148.24 m^2，面积为2倍以上，在此前提下65号楼的单位面积分摊外墙面积、屋顶面积、地下室底板面积以及外窗面积均比62号楼要大。造成同样的改造方案65号楼中改的单方造价均远高于62号楼中改的单方造价。

中改方案决算表（单位：元） **表6-29**

项　目	前期费用	节能改造工程施工费	修缮费	提高使用功能	不可预见费	总费用
62号楼	49963.5	1071646.0	86520.9	147296.7	101377.3	1456804.4
65号楼	21511	745710	62679	187546	104357	1121808
平均值	35737.25	908678	74599.95	167421.4	102867.2	1289306
单位面积平均值	10.07	255.96	21.01	47.16	28.98	363.17

3. 小改方案

小改项目单位建筑面积改造造价平均为337.05元，见表6-30。其中，用于节能改造的费用为222.76元/m^2，占总改造费用的67%，提高使用功能占15%，修缮占11%。

小改方案决算表（单位：元） **表6-30**

项　目	前期费用	节能改造工程施工费	修缮费	提高使用功能	不可预见费	总费用
61号楼	38261	562478	89329	131717	74413	896197
63号楼	22004.3	515705.9	116231.3	123203.3	46499.9	823644.7
64号楼	33100.38	639348.93	96800.07	166634.60	30730.69	966614.67
67号楼	34153.55	763338.18	112509.79	156524.20	650.18	1067175.91
平均值	28843.21	620217.8	103717.5	144519.8	38073.44	938408.1
单位面积平均值	11.45	222.76	37.25	51.91	13.67	337.05

4. 三种方案对比

根据上述分析，大、中、小改方案费用可以认为主要由固定成本和可变成本两部分组成。固定成本包括前期费用、修缮费用、提高功能费用和不可预见费四部分，而可变成本主要由节能改造费用组成。操场巷改造项目费用组成见表6-31。从表中可以看出，固定成本中，除不可预见费差异较大以外，其他费用取平均值是可取的。不可预见费取中小改方案的平均值，修正费用与实际费用误差在3%以内，因此采用该方法是可取的。大改方案节能改造费用之所以增加较多，主要与进口长脚锚栓、安装朗仕新风系统、采暖系统全面改造有关。

由于工程施工初期现场混乱，工程施工队伍素质不高，现场协调不够，监理水平不高，部分部门协调、住户协调不到位等原因，该示范工程造价中有相当一部分是工期拖延、材料浪费、损失及大量窝工和返工等不合理的费用。因此，该工程的造价中可以有效地减低不可预见费，单位面积费用可减少 10 元左右。

费用分析及修正（单位：元） 表 6-31

方案	固定成本				可变成本	单位面积费用	修正单位面积费用	误差
	前期费用	修缮费	提高使用功能	不可预见费	节能改造工程施工费			
大改	11.36	26.54	69.40	2.38	461.40	571.07	578.10	1.23%
中改	10.07	21.01	47.16	28.98	255.96	363.17	372.67	2.61%
小改	11.45	37.25	51.91	13.67	222.76	337.05	339.47	0.72%
平均	10.96	28.27	56.16	21.33				
合计	116.71							

6.3.5 能耗分析

为测试改造效果，2007 年 10 月对操场巷小区改造的 6 栋楼（大改方案改造前未安装热表）以及对比楼分别安装楼栋热表和单元热表，在 2007～2008 年度采暖期对热表进行了跟踪实测，得到节能改造前的耗热量；在 2008～2009 年度采暖期对节能改造后的热表进行了跟踪实测。

由于改造前未进行室内温度测试，热表在运行过程中，发现个别热表第二年数据有出入，在分析中，采用理论计算与实测对比的办法，有实测数据以实测数据为准，无实测数据进行推算，然后加以修正。在修正中考虑室内温度修正和室外温度修正，及温度修正系数和气候修正系数。对于节能率，以室内 16℃ 为基准，用一次能耗（耗煤量）来比较。按照《民用建筑节能设计标准（采暖居住建筑部分）》JGJ26-95 规定，改造前、后的换气次数分别取值为 0.8 次和 0.5 次。

1. 节能效果分析

在进行节能效果分析过程中，需要说明的几个问题：

（1）可以用计算值分析，改造前室内平均温度作 1.5℃ 修正，改造后室内平均温度作 -2.0℃ 修正。

（2）节能率以终端能耗-耗煤量为依据进行计算。其中，系统改造前、后，锅炉运行效率 η_2 分别为 0.55 和 0.68；管网输送效率 η_1 分别为 0.85 和 0.9。

（3）耗煤量指标计算。

耗煤量指标按照下式计算：

$$q_c = \frac{24 \cdot z \cdot q_H}{H_c \cdot \eta_1 \cdot \eta_2}$$

式中 $z = 183$；q_H 为模拟计算耗热量指标。

对温度和气候进行修正，采暖期室外平均温度取 -20℃，改造前后各建筑物能耗及节能效果见表6-32。

改造前、后能耗及节能效果 **表6-32**

方案	建筑物	改造前建筑面积（m^2）	改造后建筑面积（m^2）	改造前			改造后			节能率
				耗热量		耗煤量（kg/m^2）	耗热量		耗煤量（kg/m^2）	
				（W/m^2）	[kWh/（m^2·a）]		（W/m^2）	[kWh/（m^2·a）]		
小改方案	61号楼	2812.32	3045.6	32.92	144.58	37.99	19.39	85.16	17.09	55.01%
	63号楼	1895.4	2097.8	33.06	145.20	38.16	17.2	75.54	15.16	60.26%
	64号楼	2835	3066.12	32.8	144.06	37.86	17.57	77.17	15.49	59.08%
	67号楼	2835	2927.36	32.15	141.20	37.11	17.89	78.57	15.77	57.49%
中改方案	62号楼	4371.15	4784.724	31.34	137.65	36.17	17.14	75.28	15.11	58.22%
	65号楼	2206.76	2315.46	30.66	134.66	35.39	13.00	57.10	11.46	67.61%
大改方案	集资楼	1701.13	1820.46	29.25	128.46	33.76	12.12	53.23	10.69	68.35%
	发改委楼	1886.13	1989.78	33.9	148.89	39.13	12.72	55.87	11.21	71.34%

从表6-32中可以看出，改造后效果基本达到了预期目标，仅62号楼改造后效果未达标。62号楼未达标的主要原因是，第一是其体型系数较小（0.28）对节能有利，改造后效果不明显，这一点从集资楼改造后效果中也能反映出来（体形系数为0.29）；其次是一楼为商业建筑，在改造中总有些部位未进行保温处理。

2. 环境效益分析

操场巷小区节能示范工程的实测节煤量数据如表6-33所示。依据利用模拟计算结果代替热表实测的原则，节煤率数据平均值取小改方案为57.96%、中改方案为62.92%、大改方案为69.85%，来推算每年小区8栋楼不同改造方案的节煤量。小改工程单位建筑面积平均节煤量18.1kg标准煤/m^2；中改工程单位建筑面积平均节煤量19.6kg标准煤/m^2；大改工程单位建筑面积平均节煤量22.64kg标准煤/m^2。

操场巷小区小、中、大改方案年减排量 **表6-33**

方案类型	建筑节煤量（kg）	减排量（kg）			
		二氧化碳减排量	粉尘减排量	二氧化硫减排量	氮氧化物减排量
小改方案	243898.11	609745.21	2682.8227	341.49417	2195.0258
中改方案	159752.25	399380.59	1757.2377	223.67726	1437.7328
大改方案	97160.1	242900.23	1068.7386	136.0388	874.4181

注：小改数据去除偏差较大的67号楼，中改数据去除偏差较大的65号楼。

根据节煤量可以推算出8栋建筑的节能减排量。按照1t标准煤燃烧产生二氧化碳2.5t、粉尘11kg、二氧化硫1.4kg、氮氧化物9kg进行计算，推算出的不同改造方案年减排量见表6-33。进而依据上述数据，可以推算出乌鲁木齐市的既有居住建筑经不同方案改造后的节能减排量，见表6-34。

乌鲁木齐市不同改造方案减排量推算 **表6-34**

方 案	总建筑面积节煤量（万t）	总建筑面积减排量（万t）			
		二氧化碳减排量	粉尘减排量	二氧化硫减排量	氮氧化物减排量
按小改方案执行	153.61	384.04	1.38	0.22	1.38
按中改方案执行	166.35	415.86	1.50	0.23	1.50
按大改方案执行	191.81	479.52	1.73	0.27	1.73

注：乌鲁木齐市未改造面积8487万m^2。

表6-33和表6-34中列出的节煤量和减排量数据，可以作为在乌鲁木齐市推广既有建筑节能改造的依据。按此推算，全市每年减少的排放污染物数量惊人，节能减排效果明显。

6.3.6 总结

乌鲁木齐市操场巷节能改造工程是中德技术合作——“中国既有建筑节能改造”项目第二批示范项目，引进了德国先进的节能技术和材料，由德国专家现场进行指导。其中，大改方案中的外墙保温处理采用140mm聚苯板薄抹灰、65系列单框三玻塑钢窗加密封胶条、暖气安装自动温控阀、室内安装郎仕新风系统等都是在乌鲁木齐乃至自治区首次进行尝试。

1. 节能改造效果

经过综合节能改造，操场巷小区无论从总体外观还是实际的热工性能都得到了明显的改善，得到了居民的充分肯定。如，64号楼2单元101室位于该建筑的一层，由于室内寒冷，以往每年冬季都会有双腿疼痛的苦恼。该住户是回族居民，改造初期有很大的抵触情绪，64号楼改造后，在春节前工作人员上门回访了解情况时，该户居民开心地说：“今年真的暖和了，腿还没疼过一回，墙也没有‘出冷汗’的情况”。在亲身体会到了节能改造的效果后，居民成了节能改造的义务宣传员；而未能进行节能改造的66号楼的居民，每次遇到工作人员都要“抱怨”：“为什么只选了8栋楼，要是再多选1栋，把66号楼也改了有多好！”

通过室内温、湿度监测可以看出，由于阳台和外墙的保温改造，靠山墙的客厅温度与卧室温度趋于一致，达到23℃以上。改造之前的有山墙住户储衣柜内壁结露现象已不复存在。但是，也有极少数住户的阳台栏板转角内壁出现了结露发霉现象（如，65号楼一单元101住户）。分析其原因，是阳台栏板和阳台底板保温板厚度不够（80mmEPS）以及施工质量等原因造成的。

（1）外墙

改造前。该小区建筑使用时间在17～23年不等，外墙外观现状差，卫生间区域渗水造成外墙返碱，基层朽蚀，存在严重安全隐患；阳台栏板开裂、局部缺损；首层、顶层住户冷凝水现象严重，见图6-45。

改造后。对卫生间进行了全面防水处理，阻止了外墙的继续朽蚀。对外墙返碱部分首

图 6-45 改造前操场巷小区建筑外观

先清理基层，对于开裂、破损严重的部位清除原饰面层，用水泥砂浆抹平后，再做保温层，并将维修加固同时进行，处理后，建筑物焕然一新，见图 6-46。

图 6-46 改造后操场巷小区建筑外观

（2）屋面

改造前。此次节能改造建筑屋面均为不上人屋面。原屋面保温在结构层上铺 200mm 厚炉渣保温层，其上为 30mm 厚细石混凝土找平层，再设二毡三油防水层。部分屋顶经两次维修更换，屋面传热系数 $K=1.0\text{W}/(\text{m}^2\cdot\text{K})$，其热工性能未达到《民用建筑节能设计标准》中传热系数 $K\leqslant 0.5\text{W}/(\text{m}^2\cdot\text{K})$ 的要求。见图 6-47。

图 6-47 改造前屋面表面的状态

改造后。原现浇屋面板是直接在原屋面防水层做 80mm 厚聚氨酯现场喷涂，与原 180mm

厚加气混凝土砌块保温层形成复合保温层，冬季保温、夏季隔热效果更好，之后在聚氨酯上做30mm厚1:2水泥砂浆保护层，再贴4mm厚SBS改性沥青卷材，其顶自带板岩做保护层，屋面防水等级为Ⅲ级，喷聚氨酯保温层上铺网格保护层做法（图6-48）。

图6-48　改造后屋面状态

（3）外窗

改造前。此次改造的8栋住宅楼，原外窗均为双层单玻钢窗两层玻空气间层为120～200mm之间，而封闭阳台全部选用单玻钢窗，见图6-49。此两种窗均属于已淘汰多年的产品，保温性能远不能满足建筑节能设计标准中传热系数限值 $K \leqslant 2.5$W/（m^2·K）的要求。

图6-49　改造前建筑外窗严重变形

改造后。中、小改方案的外窗全部更换为60系列单框中空玻璃塑钢窗传热系数2.5W/（m^2·K），大改方案为65系列单框三玻塑钢窗 $K=1.8 \sim 2.2$ W/（m^2·K）。改造后提高了保温性能、隔声性能和气密性，使用方便。见图6-50。

（4）地下室顶板

改造前。地下室为各住户杂货库房，无采暖，地下室顶板未做保温。由于地下室顶板的热桥现象，一楼冬季室内温度偏低。

由于地下室长期处于锁闭状态，和大地有良好的静止空气隔绝，所以对地下室顶板的改造仅限于走廊过道的顶板做60mm的EPS保温层，见图6-51。

改造后，一楼地面保温效果明显增强。

图 6-50　改造后建筑外窗状态

图 6-51　地下室和走道顶板保温处理

（5）单元入户门斗

改造前。单元入口均未做防寒门斗，不符合《民用建筑节能设计标准》中严寒地区应设门斗的要求。（图 6-52）

图 6-52　改造前建筑外门门口的状态

改造后。原有单元门改为电子防盗单元门，施工在不破坏原有建筑的基础上增设门斗，入口门采用 60 系列、宽 1.4m、高 2m 的双扇节能塑钢门，美观、保温、防盗、使用方便，可达到《民用建筑节能设计标准》要求，见图 6-53。

图 6-53　改造后建筑外门门斗的状态

2. 严格的时间管理理念

操场巷小区节能改造示范工程得以顺利实施，重要原因之一是中德合作项目的德国技术和理念在工程中的应用。德国监理工作的计划性和条理性是我们的收获之一，见表6-35。

节能改造示范工程实施工作计划表　　**表 6-35**

序　号	时　　间	工 作 内 容	负责、参与单位	备　　注
1	3 月 12 日 ~3 月 27 日	初步设计方案	科技处、项目办、设计院	
2	3 月 28 日 ~4 月 10 日	讨论设计方案	GTZ 及有关专家	
3	4 月 5 日 ~4 月 25 日	建筑物基本情况调查	科技处、项目办、乌房集团	
4	4 月 21 日 ~4 月 30 日	讨论并确定设计方案及费用承担方案	GTZ、科技处、乌市项目办、有关专家	包括资金来源及住户收费
5	5 月 1 日 ~5 月 15 日	正式施工图设计	市设计院	
6	5 月 10 日 ~5 月 30 日	入户宣传、改造方案交底	科技处、项目办、乌房集团	
7	5 月 16 日 ~5 月 30 日	编制施工图预算	科技处、项目办、乌房集团	
8	5 月 16 日 ~6 月 10 日	招投标工作	市建委、项目办、乌房集团	
9	6 月 1 日 ~6 月 30 日	改造签约收取住户费用	科技处、项目办、乌房集团	

续表

序号	时间	工作内容	负责、参与单位	备注
10	6月11日~6月30日	办理开工手续	科技处、项目办、乌房集团	
11	7月1日~10月10日	工程施工	施工单位	
12	10月11日~10月15日	竣工验收	科技处、项目办、乌房集团	
13	10月16日~11月20日	采暖系统调试、保温性能检测	施工单位、科技处、项目办、乌房集团	
14	11月21日~12月20日	示范工程总结汇报	科技处、项目办、乌房集团	

3. 设计方面的经验

设计方案由中德两国专家多次讨论敲定。大改方案采用14cmEPS保温系统高于地方标准，实现了源于地方标准又高于地方标准，第一次将14cmEPS保温系统在严寒地区应用变成了现实，真正体现了示范的效果。

设计保留原炉渣保温+SBS防水屋面是一设计亮点，减少了几百吨的建筑垃圾，同时也提倡了节约型施工的理念。

4. 严谨的施工方案

中方设计院根据新疆地方新建工程标准设计的施工图，在特殊部位的设计存在欠缺，例如：在新砌女儿墙设计上，中方设计院设计女儿墙高度1200mm，且女儿墙砌后有400mm挑檐，但在如何解决女儿墙外挑檐热桥、冬季积雪挂冰、保温板固定等问题上，中方设计人员并未考虑。按照德国专家的建议，中方设计院出了变更图纸。图6-54是德国监理为解决女儿墙外挑檐热桥问题、冬季积雪挂冰问题、保温板固定等问题给出的建议构造方案。

中方设计人员也未考虑外墙墙面明装管道、电线、电缆部位热桥问题，根据德国监理给出的建议构造方案（图6-55，图6-56），设计院进行了设计变更。

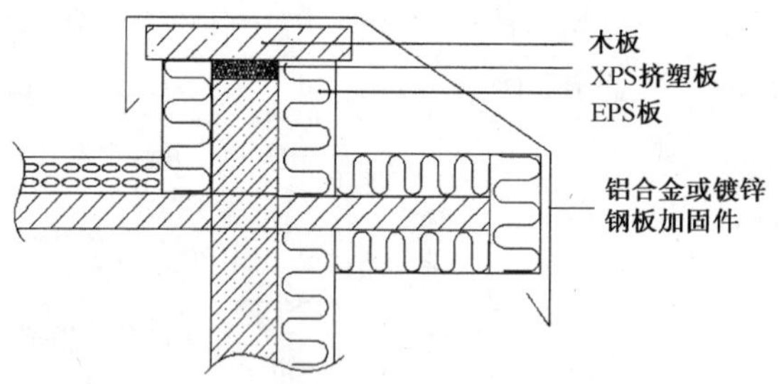

图6-54 用薄板解决女儿墙外围挑檐处挂冰积雪构造方案

5. 学习先进技术

施工队伍在施工过程中，通过德国专家现场指导，技术提高较快。在长期相处学习中双方建立了深厚的国际友谊。不仅学习了德国技术人员严谨的工作态度和技术理念，还学习到德国技术人员严格的时间计划理念。

14cmEPS保温体系在中国严寒地区首次使用，由于EPS板厚度大，造成锚栓密度较大，形成的热桥效应较严重。国内只有金属锚栓，为了降低热桥效应，采用德国进口断桥锚栓，有效地降低了锚栓处的热桥效应，见图6-57。

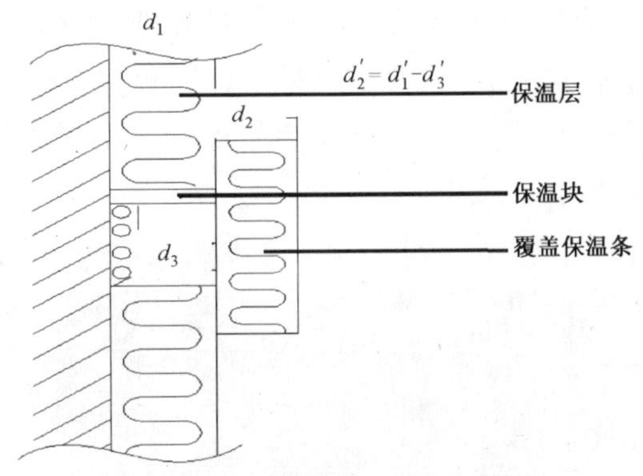

图 6-55 未移管道保温层缺口处覆盖保温条构造方案

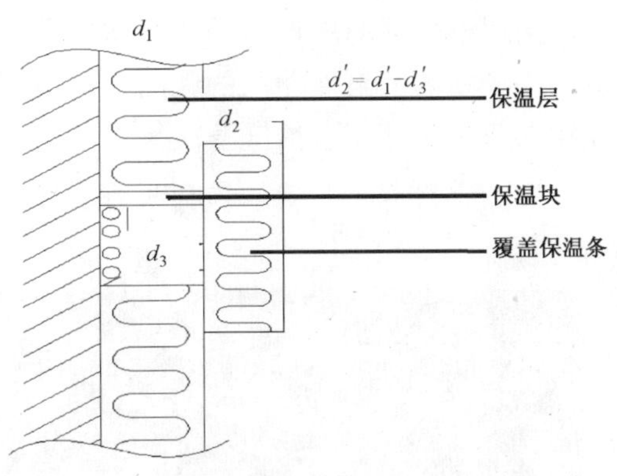

图 6-56 电缆线保温层缺口处覆盖保温条构造方案

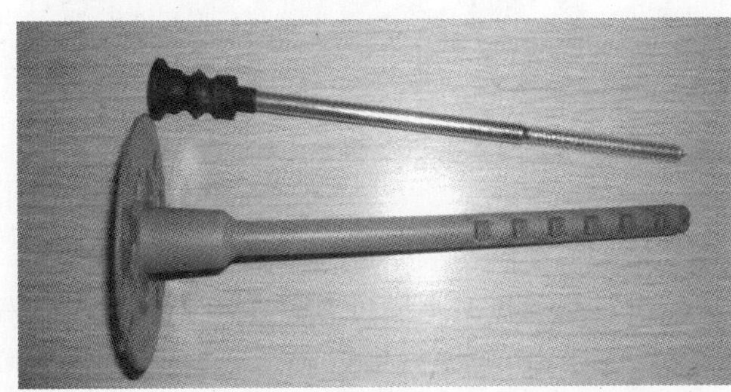

图 6-57 断桥锚栓有效地降低了锚栓处的热桥效应

在外窗窗框处与保温板之间的密封问题上，国内只有玻璃胶密封，因玻璃胶易老化收缩且只能涂在表面，造成密封不严密的问题。示范项目采用了德国膨胀密封条技术，顺利解决了施工难题（图 6-58）。

图 6-58 外窗窗框与保温板之间的膨胀密封条

采用户内独立通风换气系统—朗仕新风系统。解决了冬季室内空气品质差的问题，同时也解决了室内的自然通风的无组织状态，实现了室内通风换气的可控性，见图6-59。

在乌鲁木齐乃至自治区首次实现了由不可控制的水平串联采暖系统向可分户独立控制室内温度的垂直双管系统的顺利改造（图6-60）。

图6-59　朗仕新风系统

图6-60　独立控温垂直双管系统

6. 施工队伍的选择

文化素质高、技术经验丰富的施工队伍对整个施工质量和工期的保证是至关重要的。施工单位在专家提出整改意见后，对有缺陷的部位只做了网格布处理，全部覆盖了缺陷部位，这种做法有掩人耳目作假的嫌疑，一方面反映出施工单位态度问题；另一方面质量管理存在漏洞。尽管在专家和领导的监督下进行了整改，但这是我们走的弯路，在以后的改造过程中，一定要汲取教训。

施工队伍要做到语言举止文明，倡导文明施工。加快户内施工速度，提高户内施工质量，尽量减少扰民时间和次数，后期维修工作效率要高。

7. 细部处理

该工程在施工过程中涉及电力、燃气、电信、广电等部门，工程量较小的单位之间比较好协调，但是市政燃气管道改线涉及重新设计计算出施工图，工程量大，且改造费用相当高，所以燃气管线和调压站部位均未做或做很薄的保温改造。这些部位热桥现象较为明显。

根据德方监理的建议，为防止散水潮气上升，造成外墙保温层受潮而引起保温效果下降的情况，将勒脚部位的保温层距地面断开150mm，这在自治区尚属首次（图6-61）。

8. 节能产品的使用宣传

由于示范项目的供采暖系统管道未改造，散热器散热面积未重新计算设计，造成改造后室内冬季温度过高；散热器温控阀的使用和调节作用不明显，群众对节能产品不了解，宣传工作不及时，造成2008～2009年采暖期内约有30%以上的住户通过开窗户调节室内温度，形成“节能建筑不节能”的现状。建议今后的节能改造应严格按照采暖锅炉房供热面积片区为单位进行整体节能改造。

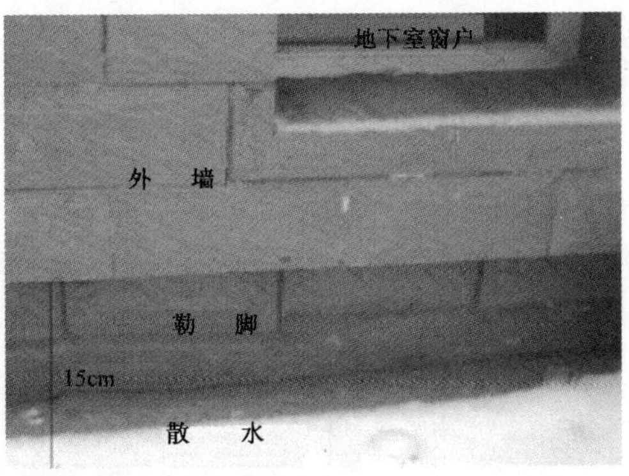

图 6-61　外窗窗框处与保温板之间的膨胀密封条

6.4　中国建筑科学研究院住宅楼综合改造项目

6.4.1　项目概况

1. 住宅楼基本情况

中国建筑科学研究院位于北京市朝阳区北三环东路 30 号，院内的办公建筑和住宅建筑多为 1995 年以前建设。住宅建筑主要是本院职工宿舍楼，其中 4 号楼、7 号楼和 9 号楼建于 1976 年，至今已使用近三十年。我国早期的居住建筑设计中，一般使用面积和空间均比较小，另外由于建造之初建筑设计标准中未考虑建筑节能要求，其围护结构的保温性能较差，已远不能满足现阶段人们生活的健康和舒适要求，4 号楼、7 号楼和 9 号楼均属于北京市的非节能建筑。

在对住宅建筑围护结构保温性能和安全性进行检测分析研究后，中国建筑科学研究院决定对上述建筑进行综合改造。综合改造包括在原有居住建筑的基础上扩建建筑空间、建筑节能改造和结构的安全性改造。不但提高了建筑物的使用功能，同时满足了抗震性能和生活使用功能要求。

2. 4 号楼改造前情况

为满足建筑节能的需求，提高职工居住水平，中国建筑科学研究院对 4 号、7 号和 9 号住宅楼进行综合节能改造。下面以 4 号楼为例对既有居住建筑改造所采取的技术措施作详细介绍。

从早期的建筑设计图纸可知，4 号楼主体设计为 4 层，总建筑面积共 3291m^2。后期在住宅楼东侧扩建了 4 号东配楼，建筑层数为 6 层，与原主体楼不在同一轴线上，其最北侧轴线比原主体楼偏南 3.2m，楼内设计格局与原主体楼相似。图 6-62 和图 6-63 分别为 4 号楼本次改造前的主体楼部分和东配楼的建筑平面图。

4 号楼及其东配楼为砖混结构建筑，建筑设计和内部布局均为对称式。从平面图中可以看出，住宅楼的内部空间设计只有居室、厨房和厕所，未设起居室和餐厅等使用空间。在对建筑围护结构热工性能现状进行分析研究后，中国建筑科学研究院决定在住宅楼现存

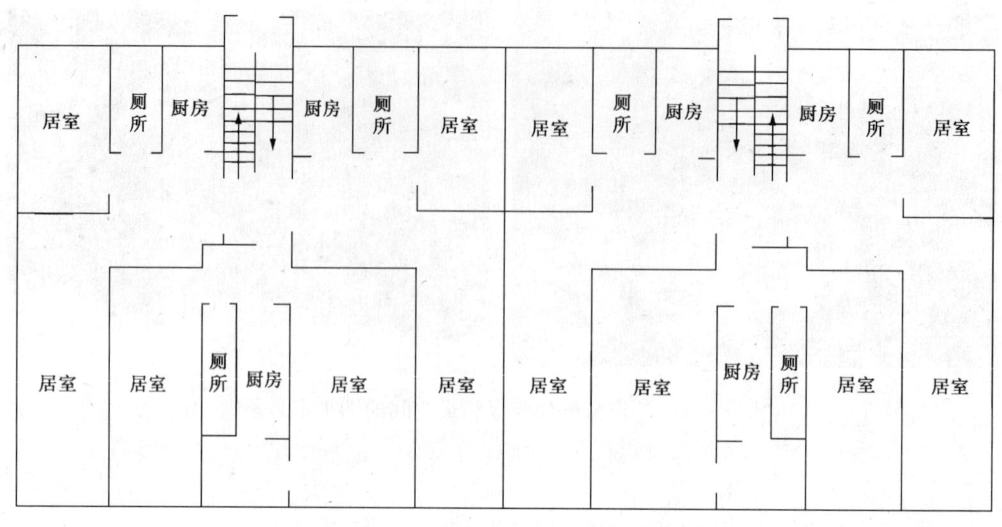

图 6-62　综合改造前 4 号楼主体建筑平面简图

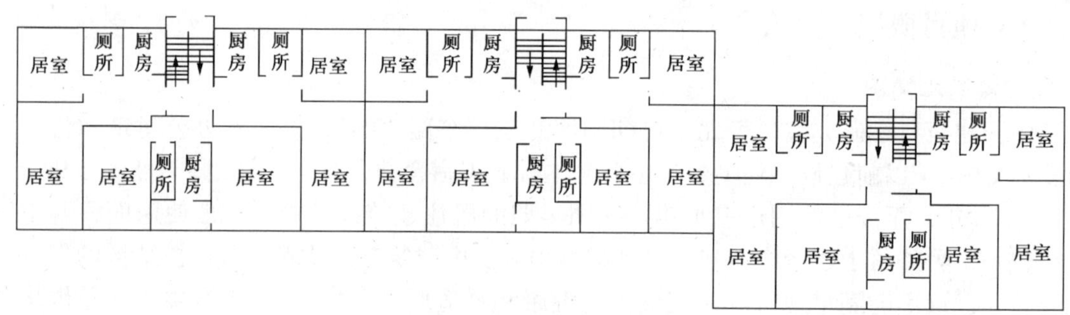

图 6-63　综合改造前 4 号楼及其东配楼平面简图

基础上进行综合节能改造。

6.4.2　改造原则与方案

1. 节能改造原则

在节能改造和改善居住条件时，应首先考虑房屋结构的安全性。建设部《房屋建筑工程抗震设防管理规定》要求："经鉴定需抗震加固的房屋建筑工程在进行装修改造时，应当同时进行抗震加固。""已按工程建设标准进行抗震设计或抗震加固的房屋建筑工程在合理使用年限内，因各种人为因素使房屋建筑工程抗震能力受损的，或者因改变原设计使用性质，导致荷载增加或需提高抗震设防类别的，产权人应当委托有相应资质的单位进行抗震验算、修复或加固。需要进行工程检测的，应委托具有相应资质的单位进行检测"。因此，建研院 4 号楼节能改造项目按照"安全第一、综合改造"的宗旨进行改造设计。

对既有居住建筑进行节能改造，为了尽可能不影响既有居住建筑节能改造中人们正常的生活秩序，节能改造除应在建筑物的外部进行，即通过提高外围护结构的保温隔热性能来达到建筑节能的目的,同时还可以采用在原有居住建筑的基础上进行增加建筑空间的方法。这样不但可以增加建筑的使用面积和功能,也能够在节能改造经济方面节约大量资金投入。

2. 改造方案

通过对住宅楼现状进行调查研究及分析论证后，提出了既有居住建筑节能改造工程的设计方案。

改造方案主要包括两个方面的内容：

（1）在现存住宅楼的基础上，对其相关结构部位进行抗震加固和改造，再进行扩建，既可保障结构的安全性，又可增加居住单元的使用面积。

（2）对扩建后的整个建筑围护结构进行相关节能改造，以提高其保温性能。节能改造包括围护结构热工性能和采暖系统改造，采用了外墙外保温技术、屋面保温防水技术、节能门窗技术、室内采暖系统改造技术和室外管网改造技术等。

6.4.3　住宅楼的扩建

以4号楼为例，通过对住宅楼长期以来基础沉降以及结构方面的计算分析，中国建筑科学研究院建筑设计院在该建筑原有的主体基础上进行了增建部分设计。

4号楼共4层，在其北侧从一层到四层向北扩建了3.3m；在其南侧从一层到四层向南各单元局部扩建了2.3m。其东配楼共六层，仅在北侧进行了增建，从一层到五层向北增建了3.3m，并在五层顶建有女儿墙。4号楼及其东配楼东立面见图6-64和图6-65。

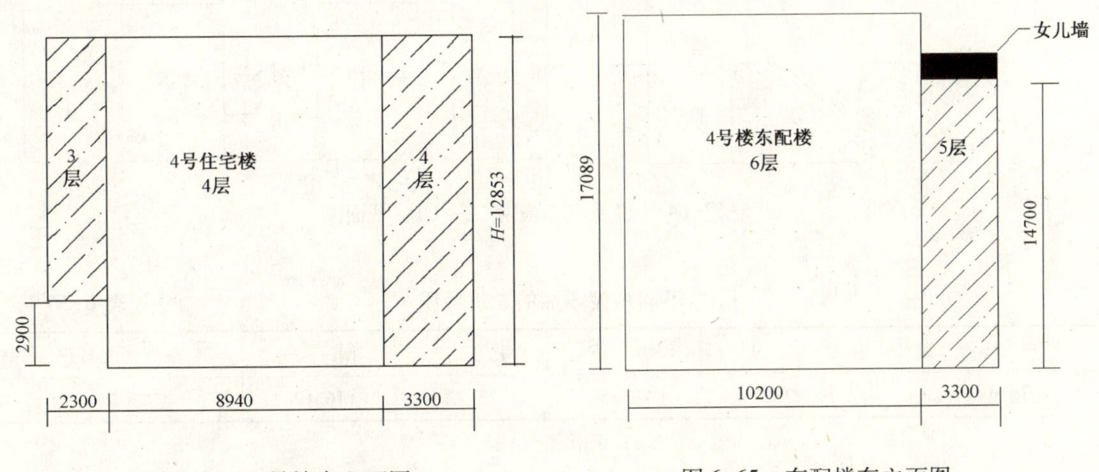

图6-64　4号楼东立面图　　图6-65　东配楼东立面图

图6-64和图6-65中阴影部分为新增建的建筑空间。住宅楼通过扩建改造,增加了建筑物的使用面积和使用功能。同时在改造工程施工过程中,也未对人们的正常生活使用产生大的影响。新增建的建筑空间设计为厨房、餐厅、厕所和书房,原有的使用空间改装为起居室,新增加的使用功能,大大方便了居住者的生活需求。改建后的建筑平面如图6-66所示。

图6-67为4号楼部分建筑设计平面简图，其阴影部分为新增建的建筑面积。从图中可清楚地看出增建后建筑楼内布局的变化。经计算，其具体增加面积见表6-36。

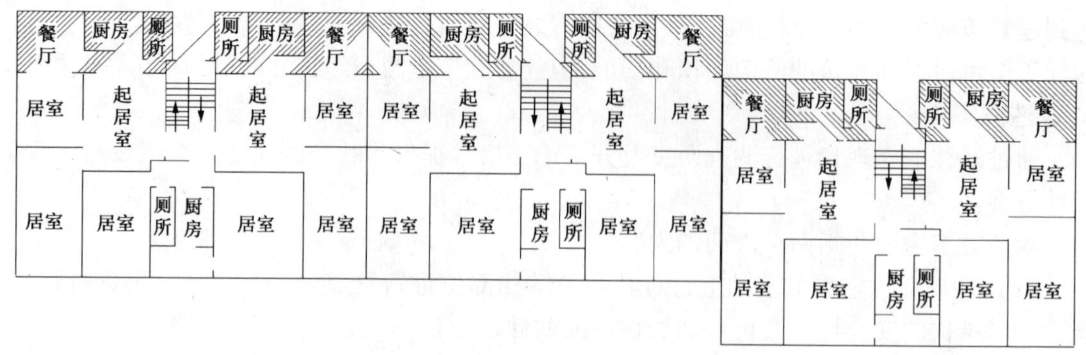

图 6-66 4号楼及其东配楼首层平面图

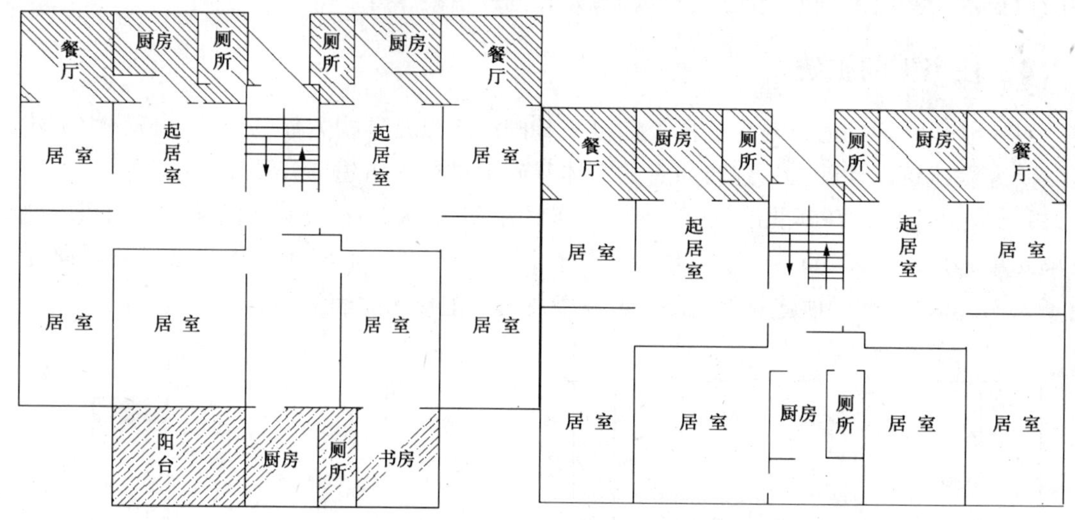

图 6-67 4号楼及其东配楼二~四层平面图

不同户型增加的建筑面积 表 6-36

户型	北二户	南二户	北三户	南一户	东配楼北各户
增加面积（m^2）	23.22	19.55	23.22	16.19	23.76

6.4.4 住宅楼的抗震加固

1. 结构安全性分析

中国建筑科学研究院4号楼建于1976年，为砖混结构，楼板为预制圆孔板。限于当时经济状况，在工业与民用建筑中，除了重要公共建筑和工业建筑外，我国一般民用建筑基本不作抗震设计。1978年唐山大地震后，《工业与民用建筑抗震设计规范》TJ 11-78发布实施，一般民用建筑开始进行抗震设计。4号楼于1976年竣工，唐山地震后进行了抗震加固。但是，由于此后又经多年使用，其抗震能力是否满足规范要求？应通过房屋的抗震鉴定得出结论。

依据国家标准《鉴定标准》进行抗震鉴定。4 号楼属丙类建筑，按照《鉴定标准》第 1.0.3 条的规定："丙类建筑，抗震验算和构造均应按抗震设防烈度的要求采用"，北京地区抗震设防烈度为 8 度，4 号楼按 8 度地震作用和抗震构造进行鉴定。鉴定结果表明，4 号楼纵横向墙体抗剪承载力不能满足北京市 8 度地震的抗震要求。

为保障地震时的建筑结构安全，应进行抗震加固。抗震加固措施应针对存在的主要问题，加固设计时应重点提高墙体的抗剪能力。

2. 抗震加固与改造

（1）依据标准

①行业标准《建筑抗震加固技术规程》JGJ 116-98；

②国家标准《混凝土结构设计规范》GBJ 10-89；

③ 其他有关的国家标准和行业标准。

（2）技术措施

为了提高墙体的抗剪能力，根据行业标准《建筑抗震加固技术规程》JGJ 116-98，4 号楼的抗震加固设计主导思想是：

①新增加的部分采用钢筋混凝土剪力墙结构；

②沿原外纵墙采用钢筋网混凝土板墙加固。

上述加固措施，可实现在横向由新加的钢筋混凝土剪力墙补足原横墙抗剪不足的部分；纵向由在原外纵墙新加的钢筋网喷射混凝土板墙补足原纵墙抗剪不足的部分。

（3）重点要求

房屋沿前后立面进行横向扩建，最重要的是保证今后新老结构的结合部应满足以下使用要求：

①在竖向不得产生不均匀沉降；

②在水平方向不得产生裂缝。

如果在新老结构的结合部出现裂缝，不仅屋盖将产生雨水渗漏，还会使居民产生不安全感。因此，房屋扩建要求新老两部分成为一个整体，能够共同工作。为此，在扩建设计上采取两项重要技术措施：

①针对地基较软弱的情况，采用桩基础；

②由于新增部分为钢筋混凝土剪力墙结构，原有建筑为砖混结构，为了保证新老结构连接牢固，除了在楼板和墙体轴线位置处植筋连接外，还在墙面采用钢筋网喷射 50mm 厚细石混凝土板墙，见图 6-68 中粗墙线处。

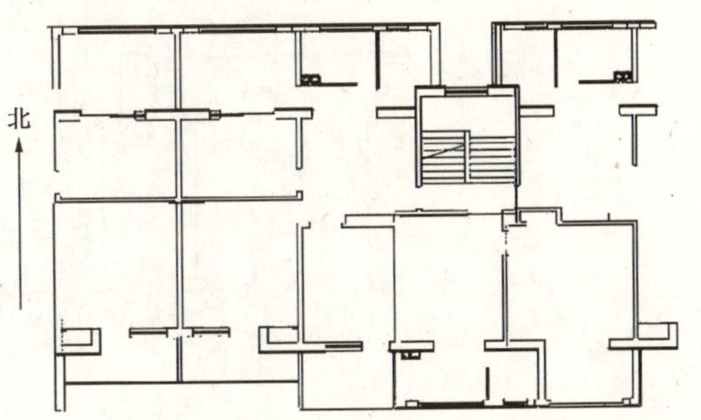

图 6-68　4 号楼新老结构连接

（注：粗墙线为 50mm 喷射混凝土板墙）

3. 施工组织与管理

房屋结构在加固改造施工过程中，必然会对户内居民乃至周围邻近建筑的居民带来噪声等影响，将给实施改造的建筑物内居民生活带来不便。为了尽可能减少这些不良影响，施工中采取了有效措施，在改建时并未对人们的正常生活使用产生大的影响。具体措施如下：

（1）施工时间。在8:00～12:00和13:30～17:30两个时间段进行施工。

（2）先进行建筑物北侧的加固与改造，再进行南侧的加固与改造。这样的施工程序科学合理，实现了户内居民可在非施工一侧的房间休息，室内物品也有堆放的房间，而不需连人带物大搬家，省去了劳累之苦。

6.4.5 4号楼节能改造

1. 围护结构热工性能

4号楼综合改造扩建部分为180mm厚的混凝土板墙，保温性能差，其传热系数远大于北京65%节能设计标准的规定值。

根据该建筑围护结构存在的问题和缺陷，进行节能改造的技术措施是：外墙保温采用粘贴膨胀聚苯板薄抹灰涂料饰面做法，聚苯板厚度为100mm；考虑到防火安全问题，外保温系统在窗口部位增设防火隔离带；外保温含窗井部分；地下一层外墙保温采用内保温做法，50mm保温浆料。

（1）主墙面外保温做法

4号楼外墙外保温采用膨胀聚苯板薄抹灰系统，主墙面外保温采用100mm厚的EPS聚苯板作为保温材料。

外墙外保温构造做法见图6-69。

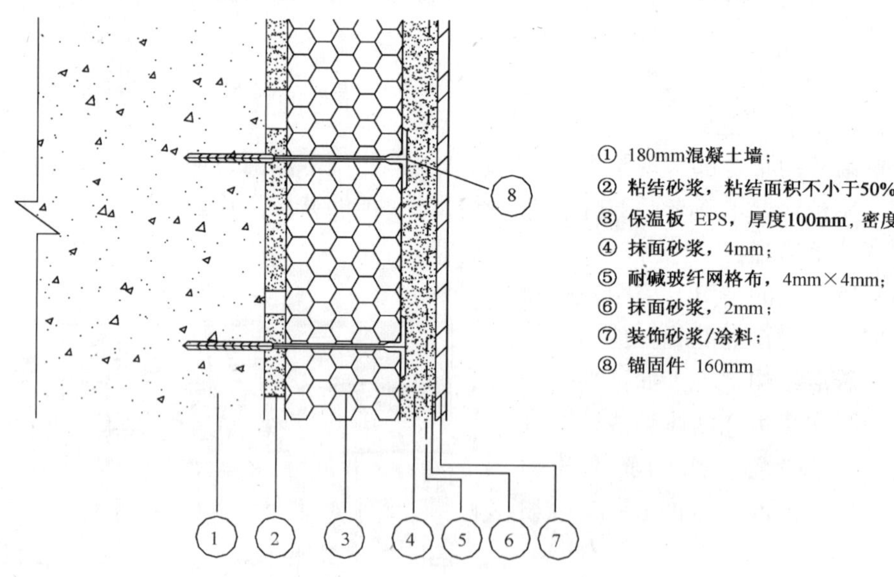

图6-69 外墙外保温基本构造

外保温的施工工艺、节点处理等详见第6.1节。

（2）外门窗改造

更换整栋建筑的外窗，以满足现行节能标准要求。户内选用 PVC 塑料中空玻璃旋开窗，公共部分采用 PVC 塑料中空玻璃平开窗。窗口上沿设置采用 200mm 高岩棉板的防火隔离带，其宽度超出窗洞口两侧各 300mm。PVC 塑料窗四周采用发泡胶与洞口四周粘结封闭密实。窗台构造满足防水、防渗和保温要求，并加设金属挡水板（两侧带翻边）。

（3）屋面保温做法

在原保温、防水构造的基础上，屋面增设 60mm 厚挤塑聚苯板，其上加铺防水层一道。屋面设备暖沟及女儿墙均做保温改造。

2. 室内、外供热管线改造

4 号楼自建造到 2001 年改造已使用 25 年之久，室内外采暖管道锈蚀严重，影响住户冬季的室内热舒适度。为此，对 4 号楼室内外采暖系统进行了改造，更换室内、外采暖管道，更换室内散热器，较大幅度地提高了热效率。

6.4.6　综合节能改造效益分析

1. 节能改造效果

实施既有居住建筑综合节能改造，不仅可以节约大量能源，还可以改善建筑物的外观和室内居住环境质量。

通过对围护结构进行节能改造，其节能效果显著。改造后 4 号楼的室内热环境质量较好，满足居住者的热舒适需求。与改造前相比，整体热环境有明显改善。据住户调查统计，居民对综合改造效果满意率达到 100%，改造后的室内平均温度在 22℃以上，较改造前提高了 8℃以上；室外交通噪声和粉尘污染明显减轻，从而明显地改善了居民的居住环境。改造前、后建筑物气密性能测试结果也表明，改造后 4 号楼建筑平均换气次数明显降低（在室内外压差 50Pa 下，换气次数由 9.8 次/h 降低到 3.2 次/h）。若不考虑室外气候差异和室外管网与锅炉效率影响，采用建筑面积进行计算，实测终端能耗节能效果在 27%~40%之间。

由于外保温的作用，使结构墙体不受外界气候的影响，提高了墙体的耐久性，延长建筑的使用寿命，使国家和住户的投资最大化。

2. 抗震加固效果

采用桩基础、钢筋混凝土剪力墙结构、原外墙面用钢筋网喷射 50mm 厚细石混凝土板墙等加固技术措施，有效地保证了新老结构的结合部不出现裂隙现象。该房屋于 2002 年扩建改造竣工，至今已有 9 年之久，新旧结构的结合部完好，未出现任何裂缝现象。改造后的 4 号楼建筑立面见图 6-70。

4 号楼作为住宅的综合节能改造工程示范，经认真调研和检测鉴定以及严格的结构抗震计算分析，并经结构专家的论证，扩建部分及节能改造设计及抗震鉴定与加固设计等均符合相关规范要求，施工组织设计科学合理，施工质量优良。综合改造不仅扩大了住户的使用面积，增加了功能适用性，也提高了结构抗震能力，起到了加固补强的作用。

3. 经济和社会效益

该示范工程主要的节能改造表现在对现有的建筑物进行扩建改造，这样大大减少了改造

图 6-70 改造后的 4 号楼立面图

资金的投入，同时，这部分节省下来的资金又充分运用到对建筑物围护结构的改造中去。这样一来，在有限的资金投入下，不但提高了结构的抗震安全性，增加了建筑物的使用面积和功能，同时也很好地进行了建筑围护结构的节能改造，提高了围护结构的保温隔热性能。

对既有居住建筑进行节能改造，为了尽可能不影响既有居住建筑节能改造中人们正常的生活秩序，节能改造除应在建筑物的外部进行，即通过提高外围护结构的保温隔热性能来达到建筑节能的目的，同时还可以采用在原有居住建筑的基础上进行增加建筑空间的方法。这样不但可以增加建筑的使用面积和功能，也能够在节能改造经济方面节约大量资金投入。

通过对既有居住建筑综合节能改造，归纳出的经验是：

（1）基础数据调查是节能改造工程实施的前提；

（2）科学合理的方案设计是达到建筑节能效果的根本；

（3）施工组织与管理是达到既有居住建筑综合节能改造效果的保障。

其节能改造遵循的原则是：

（1）实现外围护结构的全面改造，既可以实现最好的节能效果，还可以尽可能避免热桥，防止结露和霉变，提高室内热环境质量；

（2）在进行外围护结构改造的同时，应同时考虑室内外采暖系统的同步改造。只有实现室内温度可控、热量可计量，才能真正收到节能效果；

（3）重视阳台的结构安全性问题；

（4）应选用尽可能高一些的设计标准，有适当的超前意识。

6.4.7 综合节能改造效益分析

北京市从 2006 年开始开展新建节能型民宅和既有居住建筑节能改造的试点工作。2008 年起，新建节能型住宅、既有城镇居住建筑和既有农宅节能改造工作均列入北京市政府的“实事工程”和“社会主义新农村建设折子工程”中。2009 年，北京市新建节能住宅和既有居住建筑节能改造的住宅为 6014 户，比 2008 年增长 19.3%。“十一五”时期北京市累计新建节能住宅和既有居住建筑节能改造的住宅为 9789 户，累计节煤 56700t，减少排放二氧化碳 142000t。

第七章　北京郊区既有农宅节能改造

7.1　既有农宅节能改造势在必行

新农村建设是党中央在我国现代化进程关键时期明确的重大历史任务，是一项长期、综合和系统工作。新农村建设一个重要目的就是要不断改善农民的生产条件和生活质量。其中，建筑节能工作是能够切实解决农村能源问题、减少农民能源消费负担、提高农民生活水平的重要途径。能源是社会、经济发展的重要基础。目前，随着新农村建设力度的加强和农村基础设施建设的大力修建，农村居民生活水平日益提高，农村商品能源的需求进一步扩大。并且，伴随着能源供应紧张、能源价格不断攀升等问题的突显，农村地区的能源供应问题日益突出，成为一个亟待解决的问题。

长期以来，由于农村能源消费总量在社会能源消费总量中所占的比例较低，农村能源问题一直不被重视，对农村能源消费水平、特点和适用技术等方面缺乏系统的调查研究。

北京地区农村既有民宅现状如何？节能改造的需求情况？有哪些适宜的节能改造技术措施等一系列的问题需要回答。根据“十一五”国家科技支撑计划“华北村镇住宅抗震技术研究”课题研究的需要，为充分掌握北京地区农村地区能源利用情况，了解农宅能耗和居住环境质量，以及适用的节能改造技术措施研究，北京市可持续发展促进会和中国建筑科学研究院会同清华大学建筑节能中心共同组成农村建筑节能改造项目组（以下简称“项目组”），以北京地区农村为对象，开展了华北地区农村能源消费情况、能源利用技术以及农民居住质量等为目标的既有农宅基本情况调查和节能改造试点示范工作。

调查结果显示，北京地区农村住宅普遍存在建筑外墙和屋面保温性能不佳，门窗气密性差，采暖设施效率低，致使农宅普遍存在着建筑能耗高、能源利用率低以及舒适度差等问题。而围护结构热工性能差造成的农宅能耗过高，是解决农村能源问题的关键所在。因此，解决农村能源问题，应从改善农宅墙体、屋面和外门窗的保温性能入手，降低建筑能耗，提高住宅室内舒适度，减少农村家庭能源消费支出，最终实现提高农民生活质量的目标。

项目组在北京农村既有民宅基本情况调查和经济适用技术筛选的基础上，开展了节能改造试点示范工城的实施。截至 2007 年底共完成 149 户民宅的建筑节能改造，其中房山区 82 户，门头沟区 67 户。

为总结分析节能改造的效果，对实行节能改造的房山区青龙湖镇庙耳岗村 7 户农宅和门头沟区妙峰山镇水峪嘴村 5 户农宅进行了热工性能测试和节能效果分析。

以上工作，为在农村地区大规模推广应用建筑节能改造技术，探索适合农村既有居住建筑节能改造的新模式。

7.2 既有农宅现状调研

7.2.1 基本情况

项目组以华北地区代表性较强的北京郊区农村为对象，开展了既有农宅现状调查。调研工作主要涉及居民家庭能源消费、农村建筑节能、农村能源利用技术、农宅的建设和居住环境质量等。

调研共发放调查问卷1000份，回收有效问卷940份。通过能源消费状况、能源利用技术以及农民居住环境质量的详细调查，获取了北京郊区农宅现状和能耗情况一手资料。

7.2.2 调查结果

1. 农村居民家庭能源消费

农村居民家庭能源消费以商品能源为主。煤、液化石油气、电等商品能源占总体能源消耗的95%，煤仍然是主要的能源来源，约占74%，电力消费比重位居第二，液化气使用较为普遍，秸秆和薪柴在总体中的比例很少，仅为5%，如图7-1所示。

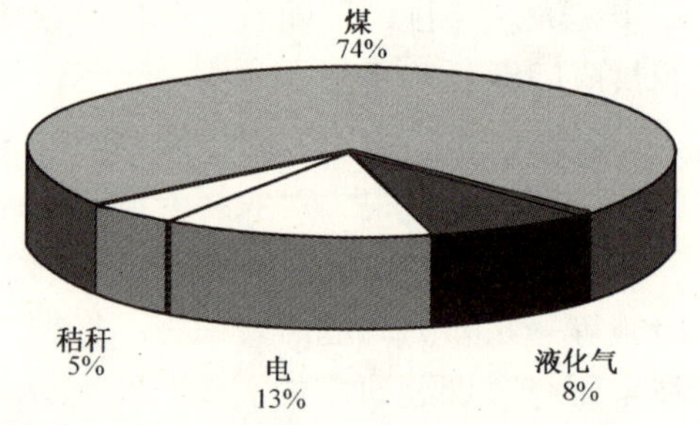

图7-1 北京市农村能源消费结构

2. 农宅采暖用能情况

（1）农村能源消费以采暖用能为主

采暖用能是农村能源消费的主要部分。北京10个远郊区县农业户籍家庭年总燃煤量高达300万t（折标准煤215万t)，用于采暖约240万t（折标准煤170万t）大部分家庭煤耗量为2～4 t/a，平均年用煤2.9t，其中2.3t用于采暖，比例约为80%。按热量计算，采暖能源消耗量占到总能源消耗量的60%。各区县能源消耗量如图7-2所示。

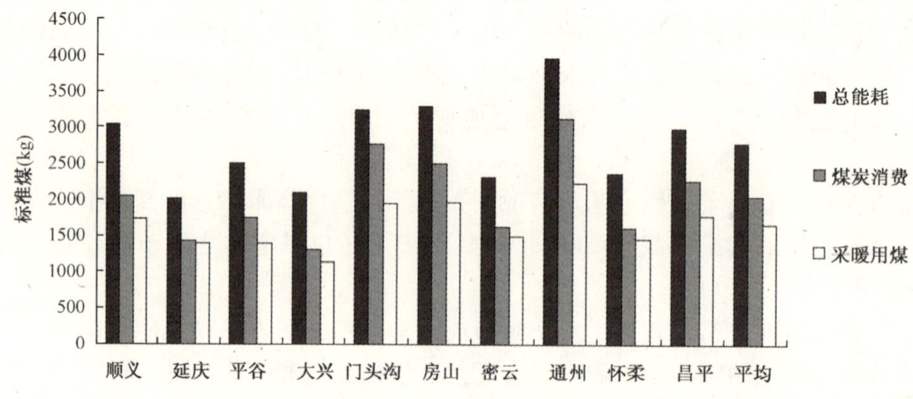

图7-2 北京市各区县农村每户能源消耗量

（2）采暖设施效率低下

北京农村地区采暖设施以土暖气、火炕和煤炉为主，土暖气安装率高达64%，有火炕的农村居民家庭比例为40%，煤炉、火炕、暖气两种或三种并存，采暖方式多样化的家庭所占比例为29%，如图7-3所示。传统的采暖设施热效率低，采暖效果难以满足居民对舒适度的要求。

（3）采暖费用居高不下

采暖能源消费支出成为农民较大的经济负担，农村家庭平均能源消费支出为每年2900元左右，占大部分家庭年收入的10%～15%。采暖是主要的能源消费去向，约78%的家庭认为采暖用能源消费负担重，如图7-4所示。

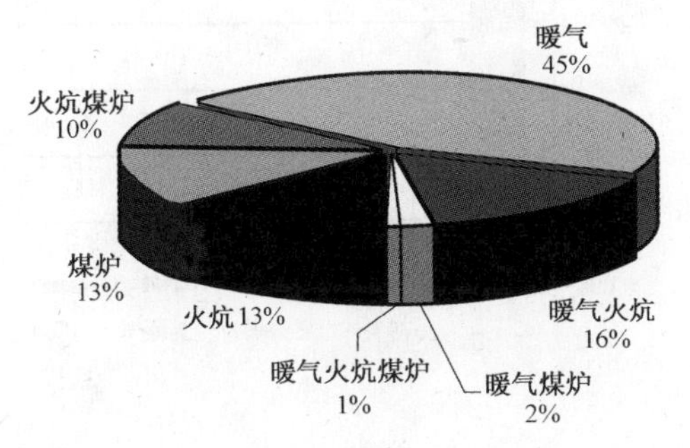

图7-3　北京郊区农宅采暖方式

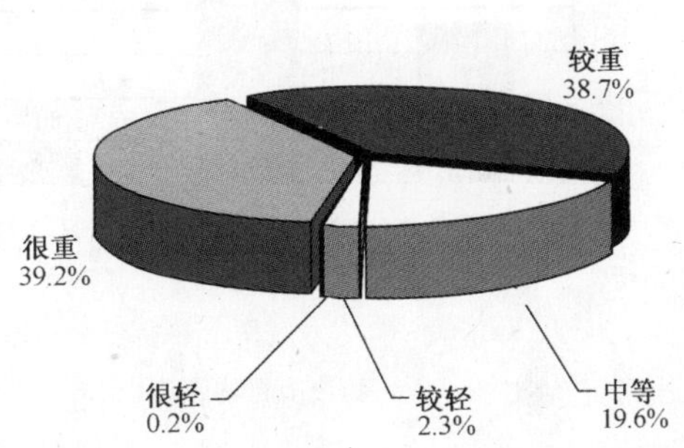

图7-4　北京农村地区对采暖费用的看法

3. 围护结构热工性能不佳

北京郊区农宅多为砖瓦结构，其中85%的建筑墙体材料使用实心黏土砖，墙体厚度主要为240mm和370mm，无其他的保温措施。92.7%的门窗为密封性较差的普通木窗或铝合金窗，且71.1%的窗户采用单层玻璃。铝合金窗散热快，保温效果差，普通木质窗框耐久性差、易变形，密封不好，散热严重。而且，超过80%的农宅南向外窗占南向外墙面积的50%以上，冬季夜间热损失相当大。图7-5为北京郊区农宅建筑围护结构构成情况。

4. 农宅室内热舒适度差

围护结构热工性能不佳、采暖设施效率普遍低下，是导致农村住宅的建筑能耗高，室内热舒适性差的根本原因。调研数据显示，目前，农村住宅建筑单位面积采暖耗煤量达33.5 kg标准煤，约为城市建筑采暖耗煤量指标的3倍。但舒适性远差于城镇住宅建筑，有14%的家庭冬季室内平均温度在10℃以下，超过一半的家庭温度低于15℃，室内平均温度能够达到16℃的家庭仅有不足40%。69%的村民感觉夏季白天室内较热甚至太热，44%的村民认为冬天室内冷或太冷。

7.2.3　节能改造建议

图7-6为北京郊区既有农宅建造年代的统计结果。

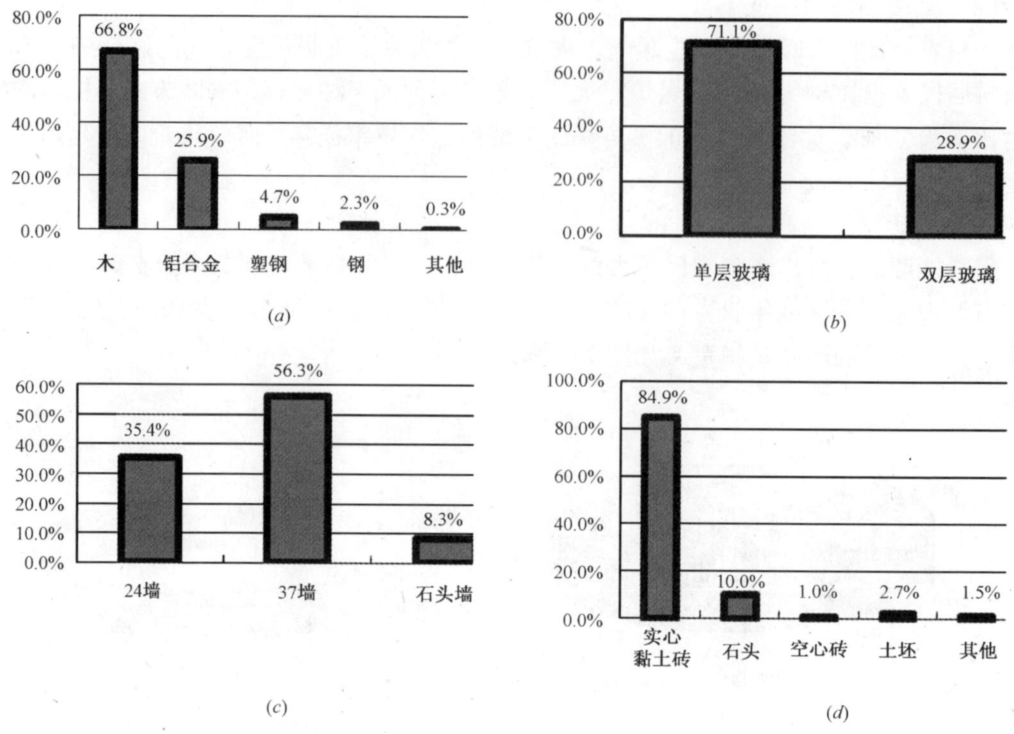

图 7-5　北京郊区农宅建筑围护结构构成

（*a*）北京农村地区窗户材料；（*b*）北京农村地区玻璃窗形式；

（*c*）北京农村地区墙体结构；（*d*）北京农村地区住房墙体材料

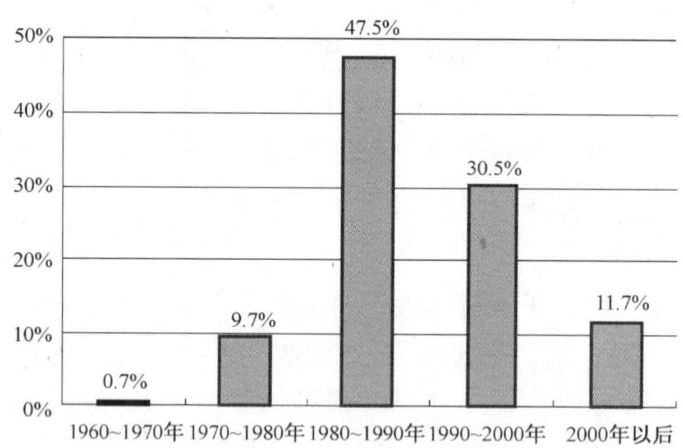

图 7-6　北京市农村房屋建造年代

从统计结果可以看出，北京郊区既有农宅建于 20 世纪 60 和 70 年代、80 年代、90 年代以及 2000 年以后的分别约为 10%、50%、30% 和 10%。根据走访和抽样调查统计，由于房屋结构的坚固程度低，70% 以上房屋的寿命为 20 年左右。北京市农村一般每年翻建房屋的农户约占总户数的 5% 左右。目前，建于 20 世纪 90 年代以前的农民住宅正处于翻建或近期将要翻建阶段，如果对这些建筑进行节能改造，改造后使用时间不长，经济性较差，也会造成资源浪费。因此，适宜进行节能改造的农宅主要是建于20世纪90年代以后的住宅。

综上所述，由于北京农村住宅没有采取保温措施，房屋门窗的密闭性差，采暖设施效率低，使得农村住宅普遍存在着建筑能耗高、能源利用率低以及舒适性差等问题。而农村住宅的建筑围护结构保温性能差造成的能耗过高是北京农村能源问题的关键所在。因此，解决农村能源问题，应从改善建筑围护结构保温性能入手，降低建筑能耗，提高住宅冬季舒适度，减少农村家庭能源消费支出，最终实现提高农民生活质量的目标。

7.3 节能改造技术措施

7.3.1 适宜的节能改造技术

1. 技术选择

结合农村经济发展水平，改造方案应易于推广实施，选择技术措施遵循以下原则：

（1）推广模式应符合农村发展现状和农村建筑节能的需求，不可照搬照抄城市的做法；

（2）适合在农村地区推广应用，在经济上普通农村居民能够承受；

（3）施工工艺需简单，应能实现不需要太复杂的专业培训，农民可以自行组建施工队伍进行改造；

（4）节能改造所需建筑材料易于获得，施工器具简便易操作；

（5）所选用的施工工艺合理。

2. 保温技术

经筛选和经济性分析，适用的节能改造技术是符合农村建筑特点的建筑围护结构保温技术，主要包括如下三个方面：

（1）外墙节能改造，主要是降低外墙的传热系数。

（2）屋顶节能改造，降低屋面的传热系数，减少散热损失。

（3）门窗节能改造，降低外门窗传热系数和减小冷风渗透量。

农宅节能改造经济性很重要。应通过建筑围护结构节能技术的筛选和研究分析，得到推荐采用的节能技术方案。

7.3.2 外墙保温技术

外墙保温技术包括外墙外保温和外墙内保温两种方案。研究结果表明，综合考虑保温性能和可操作性，成本相对较低的胶粉聚苯颗粒保温体系、聚苯板保温体系和岩棉保温体系，比较适合目前北京郊区的建筑节能改造项目选用。

1. 外墙外保温

外墙外保温宜采用聚苯板（EPS）薄抹灰外墙外保温系统，做法如图7-7所示。

（1）适用范围

适用于砌体结构外墙结构外保温工程。

（2）施工条件

①外墙墙体工程平整度达到要求，外门窗口安装完毕；

②外墙面上的雨水管卡、预埋铁件、设备穿墙管道等提前安装完毕；

③外脚手架搭设牢固；

④冬季施工期间以及完工后24h内，基层及环境空气温度不应低于5℃；夏季应避免阳光暴晒，在5级以上大风天气和雨天不得施工。

（3）施工工艺

聚苯板（EPS）薄抹灰外墙外保温系统施工程序是：墙面基层清理→抄平放线→粘贴聚苯板→抗裂砂浆面层（压入网格布）→装饰面层。

①基层清理。清除墙面表层的灰尘、油污及脏物，并用水冲洗干净。检验墙面的平整度和垂直度，2m靠尺检查，最大偏差不大于5mm，超差部分应剔凿或用水泥砂浆修补平整。凸起、空鼓和疏松部位应剔除并找平。找平层应与墙体粘结牢固，不得有脱层、空鼓、裂缝，面层不得有粉化、起皮、爆灰等现象。

②抄平放线。在墙面上弹挂垂直、水平线，并打点。

③粘贴聚苯板。该系统采用密度为20kg/m^{3}的聚苯板，厚度为50mm，尺寸为600mm×970mm。将拌合好的粘接砂浆按点粘法涂抹在聚苯板上，如图7-8所示。用不锈钢抹子沿聚苯板的周边涂抹配制好的粘结胶浆，其宽度为6cm。标准尺寸聚苯板中间均匀涂抹5个点，每点直径为12.4cm，中心距20cm。然后将聚苯板直接粘贴在墙面上即可。粘接砂浆涂抹面积为40%，粘接厚度约为2～3mm。

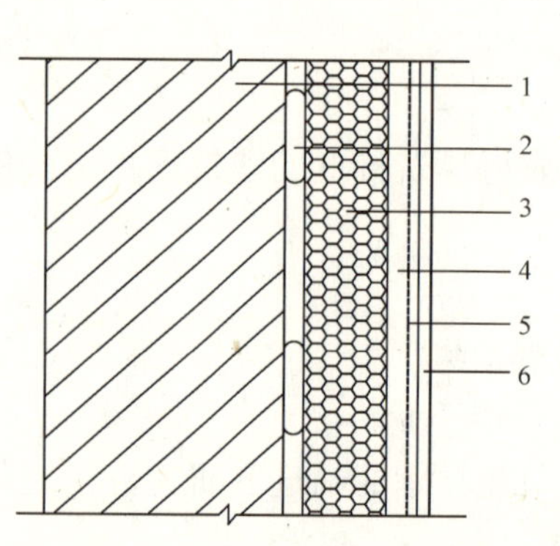

图7-7　聚苯板薄抹灰外墙外保温

1—墙体；2—粘接砂浆；3—聚苯板；4—抗裂砂浆；5—网格布；6—装饰面层

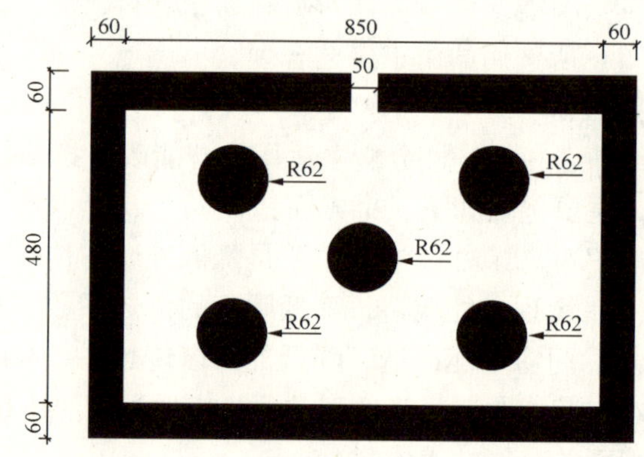

图7-8　聚苯板外保温粘接砂浆涂抹工艺要求

④抹抗裂砂浆面层（压入网格布）。聚苯板表面不能长期裸露，安装上墙后应及时抹抗裂砂浆面层。在聚苯板粘贴24h后进行打磨，去除表面松动的颗粒，再进行施工。外墙面1.5m以下采用“二布三胶”工艺，其他部位采用“一布二胶”工艺，“一布”即铺设一道标准网格布。

在聚苯板表面刮抹一层厚度为2～3mm的抹面胶浆，然后铺贴玻纤网格布（门窗洞口、阴阳角应先做加强层处理）。紧接着再在玻纤网格布表面抹压第二层抹面胶浆，厚约

1~2mm，将玻纤网格布覆盖即可。抹面胶浆终凝前需压光。抗裂砂浆层“一布二胶”总厚度控制在3~4mm，“二布三胶”总厚度控制在5mm，但应以能看到网格布凹痕为准。

对于门窗口部位，应做加强层处理，即在其四角部位各增加一道200mm×400mm的网格布，如图7-9所示。

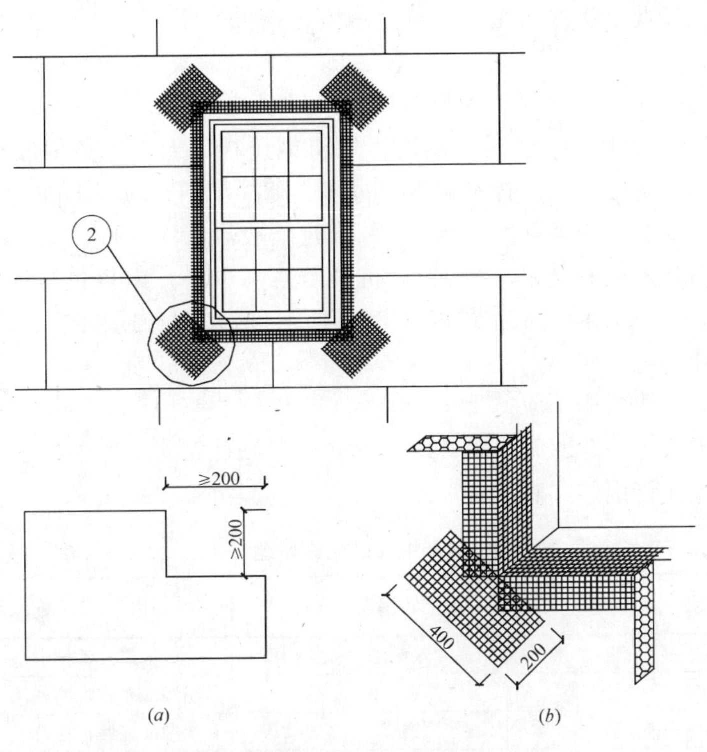

图7-9 门窗洞口四角聚苯板及网格布做法

（a）门窗洞口聚苯板详图；（b）门窗洞口加强网格布详图

对于阴、阳角部位两侧应增加一道加强网格布，其宽度应不小于400mm，如图7-10所示。

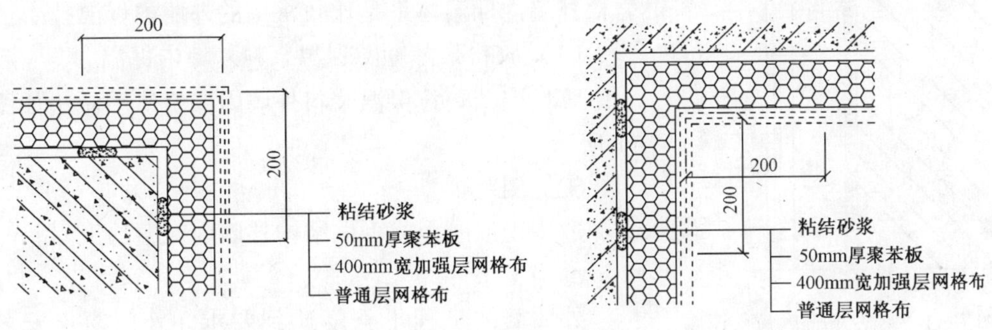

图7-10 阴、阳角加强层网格布做法

网格布的铺设从中间向周边压入，防止皱褶、外鼓，网格布的搭接长度不得少于100mm。网格布长度最长不能超过6m。严禁出现网格布外露，不应有明显的网布显影、抹纹、接卡等痕迹。

⑤装饰面层。施工后72h内，注意成品保护，严禁撞击和振动。3天后即可在面层上进行装饰面层施工。此道工序可由农户自己承担。

（4）施工配比

①粘接砂浆的配制。将水泥、砂与粘接砂浆母料按1∶0.5∶(0.3～0.4)的（重量比）比例混合搅拌均匀，即为粘接材料，建议使用机械搅拌，人工搅拌的要适当延长拌合时间，以保证拌合的均匀性。一次拌料量不宜过多，随拌随用，应在1h内用完。

②抗裂砂浆的配制。先将强度等级42.5普通硅酸盐水泥与砂按1∶(2.5～2.8)的比例混合均匀，然后掺入抗裂砂浆（母料）。抗裂砂浆（母料）的掺量为水泥与砂混合料总重量的1/4～1/5。一次拌料量不宜过多，随拌随用，应在1h内用完。

（5）质量标准

①粘接砂浆的粘接面积不应低于40%。

②施工过程中要严格按照施工配比配料，必须过磅计量。

③聚苯板安装允许偏差如表7-1所示。

聚苯板安装允许偏差 **表7-1**

序号	项目	允许偏差（mm）	检查方法
1	表面平整	3	用2m靠尺和楔形塞尺检查
2	垂直度	3	用2m垂直尺检查
3	阴阳角垂直	3	用2m托线板检查
4	阴阳角方正	3	用200mm方尺检查
5	接茬高差	1.5	用直尺、楔形塞尺检查

2. 外墙内保温

胶粉聚苯颗粒保温浆料外墙内保温体系、龙骨夹层岩棉外墙内保温体系是比较常用的外墙内保温技术。

（1）胶粉聚苯颗粒保温浆料外墙内保温

胶粉聚苯颗粒保温浆料外墙内保温体系做法如图7-11所示。

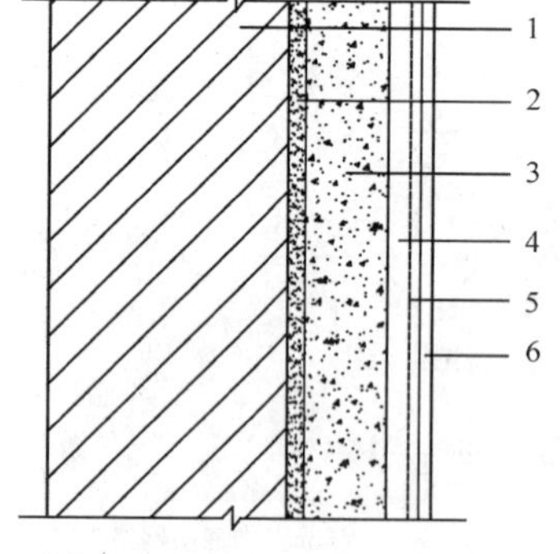

图7-11 胶粉聚苯颗粒保温浆料外墙内保温

1—墙体；2—界面砂浆；3—保温砂浆；4—抗裂砂浆；5—网格布；6—装饰面层

①适用范围

适用于混凝土或砌体结构外墙内保温的工程。

②施工条件

外墙墙体工程平整度达到要求，外门窗口安装完毕；施工期间以及完工后24h内，基层及环境空气温度不应低于5℃；外墙内保温墙周边原有设施（如暖气管道等）拆除，创造工作面。

③施工工艺

胶粉聚苯颗粒保温浆料外墙内保温施工程序是：基层墙体处理→墙体基层涂刷专用界面砂浆→吊垂直、套方、弹控制线→用保温浆料作灰饼、作冲筋、作口→每遍抹保温砂浆约 20 mm→上一遍抹完至少 24h 后，抹聚苯颗粒保温浆料并找平至设计厚度→晾置干燥，平整度、垂直度验收→抹抗裂砂浆，铺压玻纤网布→抗裂防护层验收→面层施工。

(a) 基层墙面处理。墙面应清理干净无油渍、浮尘等，旧墙面松动、风化、空鼓等部分应剔凿清除干净并找平。墙表面凸起物≥10mm 应铲平。

外墙内保温应将原有装饰面层铲除，露出墙体或砂浆层。对于砂浆层应将其松动、空鼓等部位剔除并找平。

(b) 涂刷界面砂浆。对基层满涂专用界面砂浆，用滚刷或扫帚将界面砂浆涂刷均匀。

(c) 吊垂直、套方找规矩、弹厚度控制线，拉垂直、水平通线，套方作口，按厚度线用胶粉聚苯颗粒保温浆料作标准厚度灰饼冲筋。

(d) 保温砂浆的施工。保温砂浆至少分两遍由下而上抹灰，每遍间隔时间应在 24h 以上，每遍厚度不宜超过 20mm 。第一遍抹灰应压实，最后一遍应找平，并用大杠搓平，并达到质量标准要求。

后一遍施工厚度应小于前一遍施工厚度,最后一遍厚度控制在 10mm 左右为宜。保温层固化干燥后(用手按不动表面,3 ~5 天左右,夏季约为 2 天)可进行抗裂砂浆面层施工。

(e) 抹抗裂砂浆，铺压网格布。玻纤网格布按墙面尺寸事先裁好，抹抗裂砂浆一般分两遍完成，第一遍厚度约 2 ~3mm，随即横向铺贴玻纤网格布，用抹子将玻纤网格布压入砂浆，搭接宽度不应小于 100mm，先压入一侧，抹抗裂砂浆，再压入另一侧，严禁干搭。玻纤网格布铺贴要平整无褶皱，饱满度应达到 100%，随即抹第二遍找平抗裂砂浆，厚度约为 1 ~2mm，抹平压实，平整度要符合质量标准的要求。外墙外保温 1.5m 以下应铺贴双层玻纤网格布，但应注意两层网格布之间抗裂砂浆应饱满，严禁干贴。

铺压网格布时要对门窗洞口和墙体阴阳角部位做好加强层，即在其四角部位各增加一道 200mm ×400mm 的网格布，如图 7-12 所示。

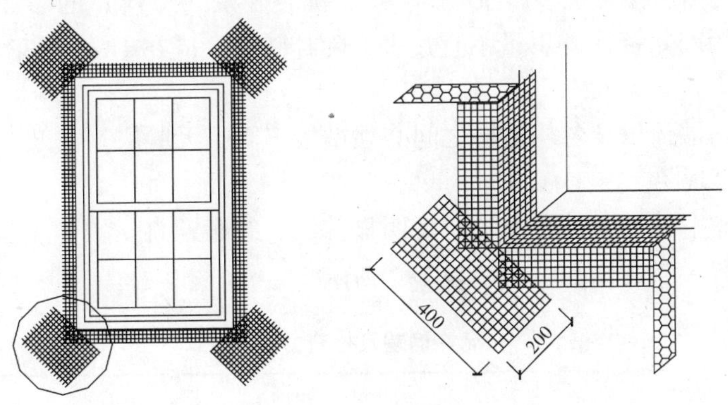

图 7-12　门窗洞口加强网格布详图

对于阴、阳角部位两侧应增加一道加强网格布，其宽度应不小于400mm，如图7-13所示。

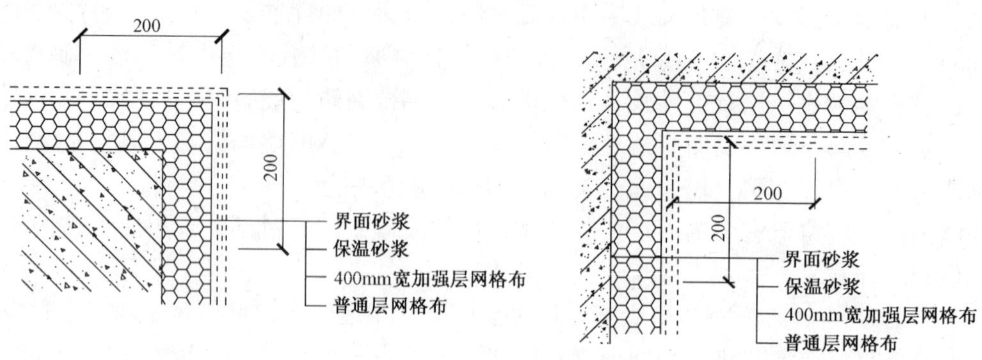

图7-13 阴、阳角加强层网格布做法

网格布的铺设从中间向周边压入，防止皱褶、外鼓，网格布长度最长不能超过6m。严禁出现网格布外露，不应有明显的网布显影、抹纹、接卡等痕迹。

（f）面层施工。抗裂砂浆施工后72h内，注意成品保护，严禁撞击和振动。3天后即可在面层上进行装饰面层施工。此道工序可由农户自己承担。

④施工配比

（a）界面砂浆的配制。强度等级为42.5的普通硅酸盐水泥:中砂:界面剂按1:1.5:1（重量比），搅拌成均匀浆状。

（b）胶粉聚苯颗粒保温砂浆的配制。先将56~60kg水倒入砂浆搅拌机内，然后倒入一袋（50kg）胶粉料搅拌3~5min后，再倒入两袋半（360L）聚苯颗粒继续搅拌3min，可按施工稠度适当调整加水量，搅拌均匀后倒出。人工搅拌时要适当延长搅拌时间，应随拌随用，在1h内用完。

（c）抗裂砂浆的配制。先将强度等级为42.5的普通硅酸盐水泥与砂按1:(2.5~2.8)的比例混合均匀，然后掺入抗裂砂浆（母料）。抗裂砂浆（母料）的掺量为水泥与砂混合料总重量的1/4~1/5。一次拌料量不宜过多，随拌随用，应在1h内用完。

⑤质量标准

（a）保温层与墙体以及各构造层之间必须粘接牢固，无脱层、空鼓、裂缝，面层无粉化、起皮、爆灰等现象。

（b）表面平整、洁净，接茬平整、无明显抹纹，线角顺直。

（c）施工允许偏差及检查方法如表7-2所示。

允许偏差及检查方法 表7-2

项次	项目	允许偏差（mm）		检查方法
		保温层	抗裂层	
1	立面垂直	4	3	用2m托线板检查
2	表面平整	4	3	用2m靠尺及塞尺检查

续表

项次	项目	允许偏差（mm）		检查方法
		保温层	抗裂层	
3	阴阳角垂直	4	3	用2m托线板检查
4	阴阳角方正	4	3	用20cm方尺和塞尺检查
5	保温层厚度	不允许有负偏差		用探针、钢尺检查

（2）龙骨夹层岩棉外墙内保温

龙骨夹层岩棉外墙内保温体系做法如图7-14所示。

①适用范围

适合非黏土砖和烧结黏土砖砌筑的墙体的内保温工程。

②施工条件

（a）根据室内高度设置内脚手架，离开墙及墙角200～250mm。

（b）墙体周边物品设施搬离或拆除。

（c）施工期间以及完工后24h内，作业环境温度不低于5℃。

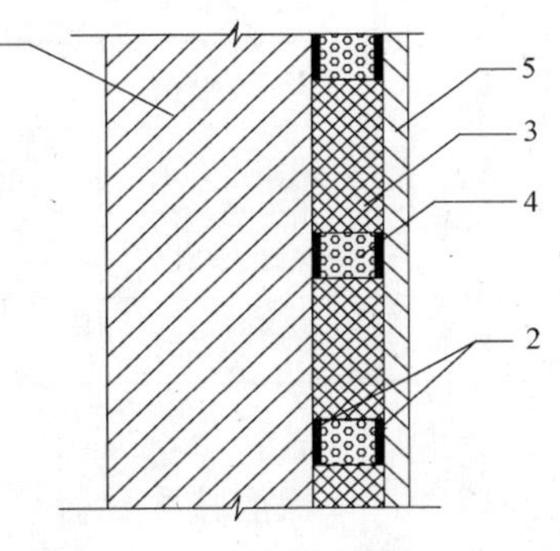

图7-14 龙骨夹层岩棉外墙内保温
1—墙体；2—粘接砂浆；3—岩棉保温板；4—聚苯乙烯泡沫板龙骨；5—装饰板

③施工工艺

弹线→基层清理→粘贴龙骨→铺贴岩棉板→封石膏板→面层施工。

（a）弹线。根据龙骨间距要求在墙面上弹出横竖龙骨的边线，略宽于龙骨宽度。

（b）基层清理。先将龙骨位置的原有涂料用钢丝刷铲除，露出抹灰面，然后将墙面上的灰尘、污垢等清理干净。

（c）粘贴龙骨。龙骨采用5cm厚的聚苯板，横向龙骨净距630mm，龙骨宽度为100mm；纵向龙骨净距为1000mm，龙骨宽度为200mm。用专用的粘结剂将聚苯板粘在墙面上，采用满粘法，粘接厚度约为2～3mm。

窗洞口四周应满粘龙骨。

（d）铺贴岩棉板。龙骨粘结完毕后，将岩棉板填塞在龙骨之间的墙面上。

（e）封石膏板。待24h后，将纸面石膏板用专用粘结砂浆粘在龙骨上。

（f）石膏板粘贴后，马上用木方作临时支撑固定，两天后可将支撑拆除进行面层施工。

④施工配比

将水泥、砂与粘接砂浆母料按1:0.5:（0.3～0.4）（重量比）的比例混合搅拌均匀，即为粘接材料。

建议使用机械搅拌，人工搅拌的要适当延长拌合时间，以保证拌合的均匀性。一次拌料量不宜过多，随拌随用，应在1h内用完。

⑤质量标准

（a）接缝应均匀、顺直。检验方法：观察、手摸检查。

（b）墙上的孔洞、槽、盒应位置正确、套割方正、边缘整齐。

（c）纸面石膏板允许偏差和检验方法如表7-3所示。

纸面石膏板允许偏差和检验方法 表7-3

项次	项目	允许偏差（mm）	检验方法
1	立面垂直度	3	用2m垂直检测尺检查
2	表面平整度	3	用2m靠尺和塞尺检查
3	阴阳角方正	3	用直角检测尺检查
4	接缝直线度		拉5m线，不足5m拉通线，用钢直尺检查
5	接缝高低差	1	用钢直尺和塞尺检查

3. 外墙内、外保温技术比较

外墙内、外保温技术的优点和缺点如表7-4所示。

外墙内保温和外保温技术的优缺点对比 表7-4

类别	优点	缺点
外墙内保温技术	1. 应用时间较长，技术成熟 2. 工艺简单，成本较低	1. 占用室内空间，影响二次装修 2. 容易形成热桥
外墙外保温技术	1. 无须设置隔气层，不易形成冷桥，保温效果稳定 2. 有利于提高墙体的防水和气密性，降低含湿量 3. 保护住宅主体结构，增强结构的耐久性，延长使用寿命 4. 适用范围广	1. 施工时间受到限制 2. 对材料和施工的质量要求较为严格 3. 造价相对较高

就外墙主体部位而言，外保温和内保温墙体的传热系数相同，即它们的保温性能本应没有区别。但是，采用内保温方式时，室内潮气在保温材料表面或渗透进入材料内部都将产生结露凝霜现象，从而降低保温材料的保温性能；在圈梁、过梁、构造柱、丁字墙及门窗框周围产生热桥，导致外墙的平均传热系数显著变大。

从表7-4中可以看出，外墙外保温技术能够消除热桥的影响，比内保温容易控制墙面裂缝，不占用有效的建筑使用面积，施工时不会对住户正常使用产生过多的影响，不失为旧房改造时应优先采用的保温方式。

7.3.3　门窗改造

门窗是建筑围护结构中的重要部件，具有采光、通风、视觉交流和装饰等多种功能。门窗的传热系数大、空气交换量多、能量损失大，是建筑节能的薄弱环节，也是重要环节，必须采取有效的措施改善门窗的保温隔热性能。门窗保温的目的是减少门窗冷风渗透及传热损失。

门窗型材特性和断面形式是影响门窗保温性能的重要因素之一。框是门窗的支撑体系，可由金属型材、非金属型材或复合型材加工而成。金属与非金属的热工特性差别很大，表7-5给出了五种窗框材料的导热系数，可见木、塑材料的导热系数远低于金属材料，保温隔热性能优良。塑料型材具有良好的保温、隔热、隔声、耐腐蚀、美观和价格相对低廉等综合性能，PVC塑料窗有推广价值。

几种材料的导热系数　　　　表7-5

材料种类	木材	塑料	玻璃钢	钢材	铝合金
导热系数［W/（m·K）］	0.14～0.29	0.10～0.25	0.4～0.5	58.2	140

采用PVC塑料门窗可改善门窗的热工性能，减少冷风渗透，避免产生冷桥及结露问题。

应用保温隔热窗帘是提高窗户保温性能的一种比较简单的方法，仅仅在窗口的内侧悬挂保温窗帘后，普通单层玻璃窗的热阻值就增至原值的2倍多。此外，加装保温窗帘可以降低冷风渗透热负荷，减少晚上的热损失。

7.3.4　屋顶保温

屋面是一个散热损失大的部位，其保温改造非常重要。北京农宅的屋顶形式分为平屋顶和坡屋顶。屋顶的保温改造技术措施主要有两种：胶粉聚苯颗粒外置保温层和吊顶内铺设保温包。

1. 胶粉聚苯颗粒外保温

胶粉聚苯颗粒外保温体系和墙体的胶粉聚苯颗粒保温体系一致，其施工工艺可参考胶粉聚苯颗粒外墙外保温体系。

2. 吊顶内铺设保温包

吊顶内铺设保温包的方式，只要把胶粉聚苯颗粒保温包铺设在吊顶上即可，施工相对简单。但要求吊顶上有足够的铺设空间，应在吊顶上均匀铺设，防止产生明显的冷桥。

7.4 京郊农宅节能改造案例

7.4.1 项目概况

为推动农村建筑节能工作的开展，解决北京农村住宅存在的能耗高、居住质量差等问题，北京市“十一五”建筑节能发展规划中把“加快建筑节能工作向农村发展”作为重点工作任务之一。北京市有关政府部门在农村地区进行旧村改造示范项目的建设，以探索农村建筑节能的发展模式。

为此，项目组采用适用于不同类型农宅的技术措施，开展了北京农村住宅建筑节能示范项目既有农宅的节能改造工作。2006 年 10 月 ~ 2007 年 11 月，项目组对北京市房山区和门头沟区的 149 户农宅进行了节能改造。截止 2007 年底，149 户既有农宅已经全部实施改造。其中，房山区 82 户，门头沟区 67 户。共完成墙体保温改造面积 13397m^2，平均每户 89.9m^2。示范项目平均每户更换中空玻璃塑料窗 5m^2 或安装保温窗帘 10m^2，并总结出既有农宅节能改造的技术和管理经验。

7.4.2 改造原则

项目组确定的节能改造原则是：

针对北京农宅具体情况进行分析，寻求适中或稍超前的技术，在农民能够接受的范围内尽可能地提高农宅的室内热舒适度。

项目以“政府补贴材料，项目组培训技术，农户自己施工”的方式，遵循自愿原则，结合农民改造需求，农民自愿申报，项目组负责实施、监管与技术指导，在自愿的基础上逐步推广建筑节能保温新技术。针对农村住宅的墙体、屋顶、门窗实施建筑节能改造，原则上仅对住人房间进行改造，不住人的房屋不属于改造范围，具体意向由项目组和农户协商确定。

7.4.3 项目实施

1. 工作程序

（1）确定示范点

在改造项目施工前，根据各村的特点，依据区域典型性、建筑典型性和能源典型性进行合理选取示范点，从而确保示范效果。通过调研走访，项目组确定房山区和门头沟区为农宅节能改造示范项目的首期示范点。

（2）节能改造宣传

由项目组的专业技术人员和大学生志愿者组成的建筑节能宣传小组分别在门头沟区和房山区进行建筑节能相关知识的宣传。宣传活动采取现场宣传的方式，先后入户宣传达千余户。宣传的内容主要是针对房屋围护结构的保温方法及项目的相关政策进行详细的讲解，同时发放宣传资料，使老百姓对建筑节能知识和政府政策具有初步的认识，并了解由此带来的经济效益和社会效益。

（3）具体落实

在宣传讲解和农民的节能意识有所增强的基础上，对有意参加建筑节能改造项目的农民住宅逐一进行登记。同时，对改造住宅进行实地观察和测量。结合住宅实际情况（如房屋建造年代、结构类型、装饰面层材料等）和农民的改造意愿，为农户提出具体改造方案和施工方案，并计算所需材料数量，确定材料提供方式。

改造项目在实施过程中，鼓励农户自行组织人员施工，项目组负责施工技术指导，并协助农户进行工程质量检查。农户自行组织人员施工确实有困难的，项目组协助解决。

当示范项目实施完毕后，进行总结和分析，并及时了解农户的满意程度，以保证本项目的顺利进行和技术方案的适用性。

2. 改造方案

针对北京各区县农村经济差异和农村住房建筑结构的特点，项目组因地制宜，采用了不同的改造方案，其中包括外墙节能改造、屋顶节能改造和外门窗节能改造技术措施。

（1）外墙节能改造技术

结合农宅多为单层建筑的特点，外墙节能改造可采用的保温方式共有6种：

①聚苯板薄抹灰外墙外保温系统；

②胶粉聚苯颗粒外墙外保温系统；

③胶粉聚苯颗粒外墙内保温系统；

④聚苯板龙骨夹层岩棉外墙内保温系统；

⑤木龙骨夹层岩棉外墙内保温系统；

⑥聚苯草芥板外墙内保温系统。

（2）屋顶节能改造技术

屋顶节能改造采用了两种方式：

①胶粉聚苯颗粒外置保温层；

②吊顶内铺设保温包（放置松散聚苯颗粒）。

（3）门窗节能改造技术

门窗节能改造采用了两种方式：

①更换PVC塑料窗中空玻璃门窗；

②安装保温窗帘。

3. 农宅节能改造成果

项目组在北京农村既有民宅基本情况调查和经济适用技术筛选的基础上，开展了节能改造试点示范工程的实施。2006年和2007年共完成149户农宅的建筑节能改造，其中房山区82户，门头沟区67户。表7-6为截至2007年底北京农村住宅建筑节能改造示范项目的完成情况。保温改造施工现场照片如图7-15所示。

为总结分析节能改造的效果，对实行节能改造的房山区青龙湖镇庙耳岗村7户农宅和门头沟区妙峰山镇水峪嘴村5户农宅进行了热工性能测试和节能效果分析。

截至2007年底京郊农宅建筑节能改造完成情况　　表7-6

区镇	户数 \ 方案	聚苯板薄抹灰外墙外保温	胶粉聚苯颗粒外墙外保温	胶粉聚苯颗粒外墙内保温	聚苯板龙骨夹层岩棉外墙内保温	木龙骨夹层岩棉外墙内保温	聚苯草芥板外墙内保温
房山区	庙耳岗村	7	17	5	7	—	—
	北石门村	—	—	—	—	46	—
门头沟区	门头沟区水峪嘴村	—	—	3	—	—	1
	安家庄	0	3	—	—	1	—
	东马各庄	2	3	—	0	—	—
	东石古岩	2	—	—	—	—	—
	河　北	2	—	—	—	—	—
	西王平	—	—	—	3	—	—
	东王平	—	7	—	1	—	—
	色树坟	2	3	—	7	—	—
	吕家坡	25	—	—	—	—	—
	王平镇	—	2	—	—	—	—
备　注		共完成149户，其中房山区82户，门头沟区67户					

图7-15　改造工程施工现场图片（一）

图 7-15　改造工程施工现场图片（二）

7.5　既有农宅节能改造效果分析

7.5.1　节能效果测试

为验证示范改造项目的实施成效，并比较不同保温改造方案的效果，项目组对实施保温改造的部分农户进行测试，并对未实施保温改造农户进行测试对比。测试对象包括北京市房山区青龙湖镇庙耳岗村 7 户农宅和门头沟区妙峰山镇水峪嘴村 5 户农宅。

1. 测试内容

采用 VarioCAM 红外热像仪、Testo 535 CO_2 测试仪、Agilent 34970a 多通道数据采集仪以及热流计和热电偶等仪器仪表，进行室外空气温度、农宅室内温度、围护结构传热系数、房间换气次数和建筑物热工缺陷检测，如图 7-16 所示。

2. 测试依据及方案

（1）测试依据

国家标准《民用建筑热工设计规范》GB 50176-93、《采暖居住建筑节能检验标准》JGJ 132-2001 和《民用建筑节能计标准（采暖居住建筑部分）》JGJ 26-95 以及建筑工程设计文件等。

（2）测试方案

① 室外空气温度和室内温度的测量采用便携式有自动记录功能的温度计录仪。记录时间间隔为 1h。室内逐时温度状况主要受室外气温、太阳辐射强度、围护结构构造及保温情况、室内热源等因素的影响。

② 采用红外热像仪测量建筑物的热工缺陷，进行建筑冷桥诊断。

③ 采用热流计法测量围护结构传热系数。

④ 采用示踪气体衰减法测量冷风渗透次数。用 CO_2 作为示踪气体，在房间内释放一定浓度的 CO_2，用电风扇使房间内的 CO_2 分布均匀。每隔 30s 记录一次 CO_2 浓度，根据 CO_2 浓度衰减速率变化判断房屋的气密性能。

3. 测试结果

（1）改造前、后围护结构热工性能对比

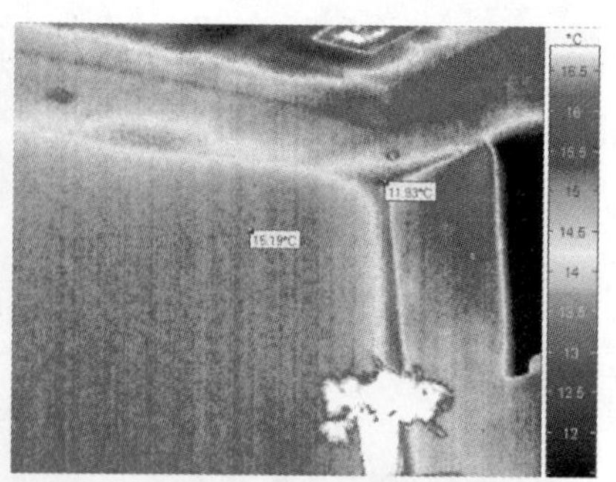

图 7-16 农村居住建筑围护结构热工性能检测

实施改造的农民住宅均采用黏土砖为墙体材料，门窗为木门窗或单玻塑钢窗，窗墙比和体形系数较大、围护结构保温性较差。经节能改造后民宅的传热系数和冷风渗透耗热量都有了很大改善。

①传热系数

表 7-7 为房山区、门头沟区示范户实施改造后，不同墙体结构和保温形式的传热系数实测数据。

建筑围护结构传热系数 **表 7-7**

围护结构构造	K 值［W/（m^2·K)］
37 砖墙	1.57
24 砖墙	2.11
灰泥屋顶	1.64
10cm 袋装胶粉聚苯颗粒（吊顶）	0.90
屋顶加 10cm 胶粉聚苯颗粒	0.80
37 砖墙 + 5cm 岩棉内保温	0.58
37 砖墙 + 5cm 胶粉聚苯颗粒保温浆料内保温	0.77
37 砖墙 + 5cm 胶粉聚苯颗粒保温浆料外保温	0.72
37 砖墙 + 5cm 聚苯板外保温	0.70
24 砖墙 + 5cm 聚苯草芥板内保温	0.71

从表中数据可知，外墙采取保温措施后，传热系数明显降低。以37砖墙为例，采用5cm岩棉内保温方式保温效果最好，传热系数下降了63%。5cm胶粉聚苯颗粒内保温方式的传热系数下降了51%，5cm胶粉聚苯颗粒外保温方式的传热系数下降了54%，5cm聚苯板外保温方式的传热系数下降了55.4%。24砖墙采用5cm聚苯草芥板内保温，传热系数下降了66.4%。

屋顶采取保温措施改造后，传热系数也有了明显降低。灰泥屋顶的传热系数为1.64 W/（m^2·K），采用100mm厚胶粉聚苯颗粒保温后，传热系数降低到0.8 W/（m^2·K），减少了51%；采用100mm厚袋装胶粉聚苯颗粒吊顶保温，传热系数下降到0.9 W/（m^2·K），下降了45%。胶粉聚苯颗粒外置保温层的屋顶保温措施的保温效果好于吊顶内铺设保温包的保温措施。

屋顶采用聚苯颗粒外保温方式的保温效果良好，屋顶温度平均温差小于1℃，没有热桥现象。采用铺设袋装松散聚苯颗粒隔热保温包方式的保温效果也很明显，应注意确保施工质量，避免出现热桥。

②冷风渗透耗热量

冷风渗透耗热量测试采用示踪气体衰减法测量冷风渗透次数，示踪气体为CO_2。测试结果如表7-8所示。

冷风渗透次数变化比较　　**表7-8**

示范户	门窗形式	不加保温窗帘冷风渗透次数（h^{-1}）	加保温窗帘冷风渗透次数（h^{-1}）
1	铝合金单玻	1.2	0.5
2	铝合金单玻	1.0	0.4
3	木窗双玻	0.53	0.24
4	单玻塑钢	0.9	0.38
5	双玻塑钢	0.9	0.38

加装保温窗帘后，冷风渗透热负荷降低54%～60%，如果按照冷风渗透热负荷占总采暖热负荷的15%计算，加装保温窗帘后，室内热负荷可以降低8%～9%。

③建筑热工缺陷

建筑热工缺陷测试结果如图7-17～图7-20所示。从图中可以看出，岩棉、聚苯颗粒和聚苯板内保温在墙角和内外墙夹角处等都存在热桥，这是内保温本身不可避免的缺点；聚苯板体系中保温钉的位置也都有明显热桥，与周围壁面温差为3℃多；岩棉和聚苯颗粒内保温墙体结合处的温差也大于3℃。最严重的热桥部位都是在墙角和屋顶交接的地方，应采取有效措施进行局部处理。

外墙外保温系统未出现明显热桥，墙角温差和壁面温差均小于2℃。

（2）室内舒适性分析

通过节能改造，各住户室内温度都有不同程度的提高。选取2007年1月28日～2月3日和1月31日的温度测试数据进行分析。经过外墙、屋面和外窗保温改造后的农宅，室内平均温度升高了 5 ~ 10℃。其中，采用膨胀聚苯板外保温处理的房屋室内温度最高，与未进行保温改造农宅室内温度对比平均高 10℃左右；采用岩棉内保温和胶粉聚苯颗粒内保温的农宅平均室内温度升高 6 ~ 8℃，保温效果良好，如表 7-9、图 7-21 和图 7-22 所示。

图 7-17 岩棉内保温系统热桥

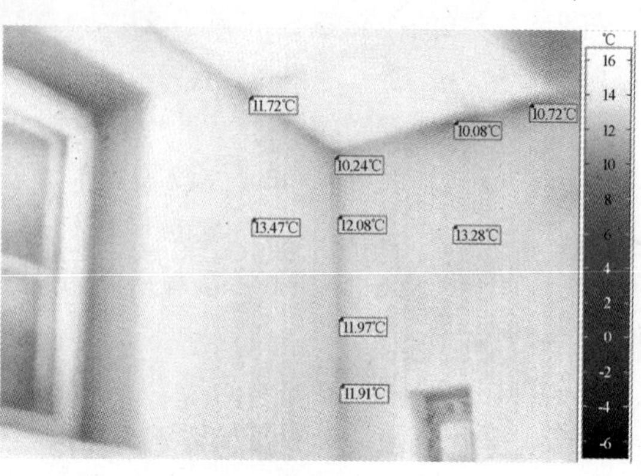

图 7-18 膨胀聚苯板内保温系统热桥

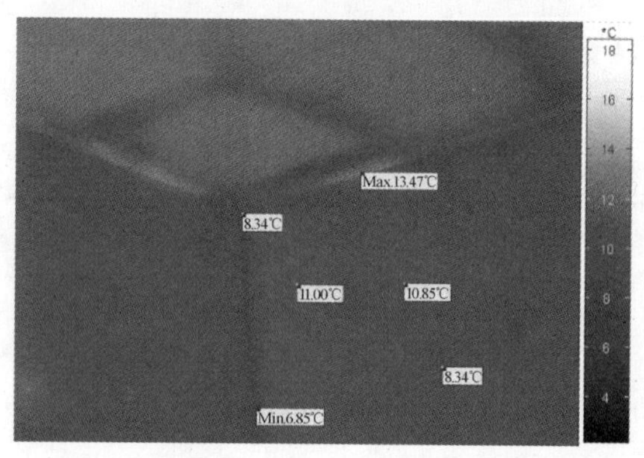

图 7-19 岩棉内保温系统热桥

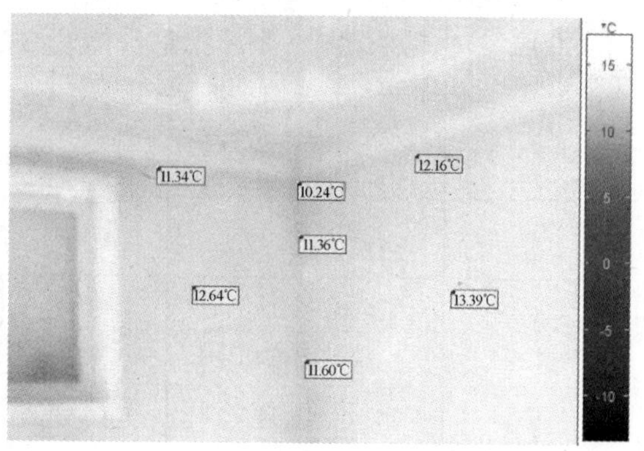

图 7-20 膨胀聚苯板外保温系统热桥

改造后室内温度 **表 7-9**

空间类别	周平均 (2007 年 1 月 28 日 ~ 2 月 3 日)	日平均 (2007 年 1 月 31 日)
聚苯板外保温客厅	17.1	18.1
聚苯板外保温卧室	15.6	16.2
岩棉内保温客厅	14.8	14.7
岩棉内保温卧室	14.2	14.2
聚苯颗粒内保温客厅	15.6	15.8
聚苯颗粒内保温卧室	16.5	16.7
对比 1	6.8	7.2
对比 2	8.5	8.8
室外	1.9	1.6

注：测试农宅的采暖方式均为土暖气。

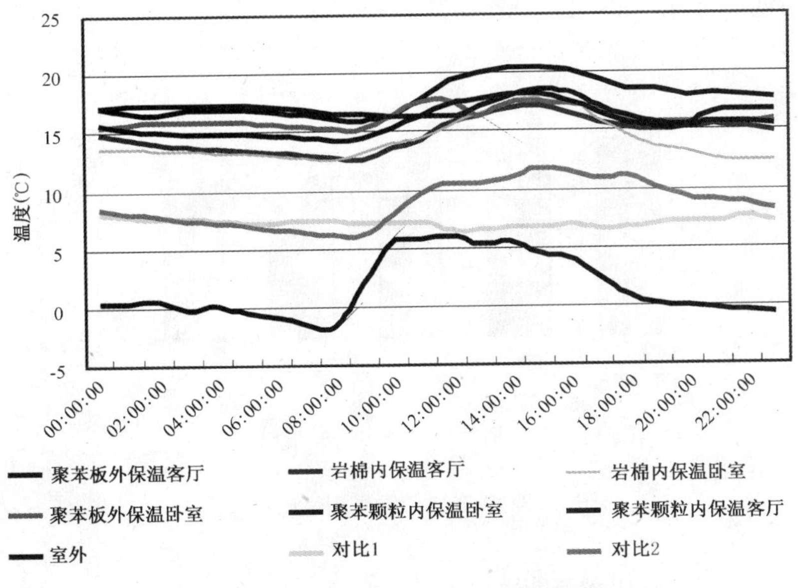

图 7-21 1 月 31 日室内温度变化曲线

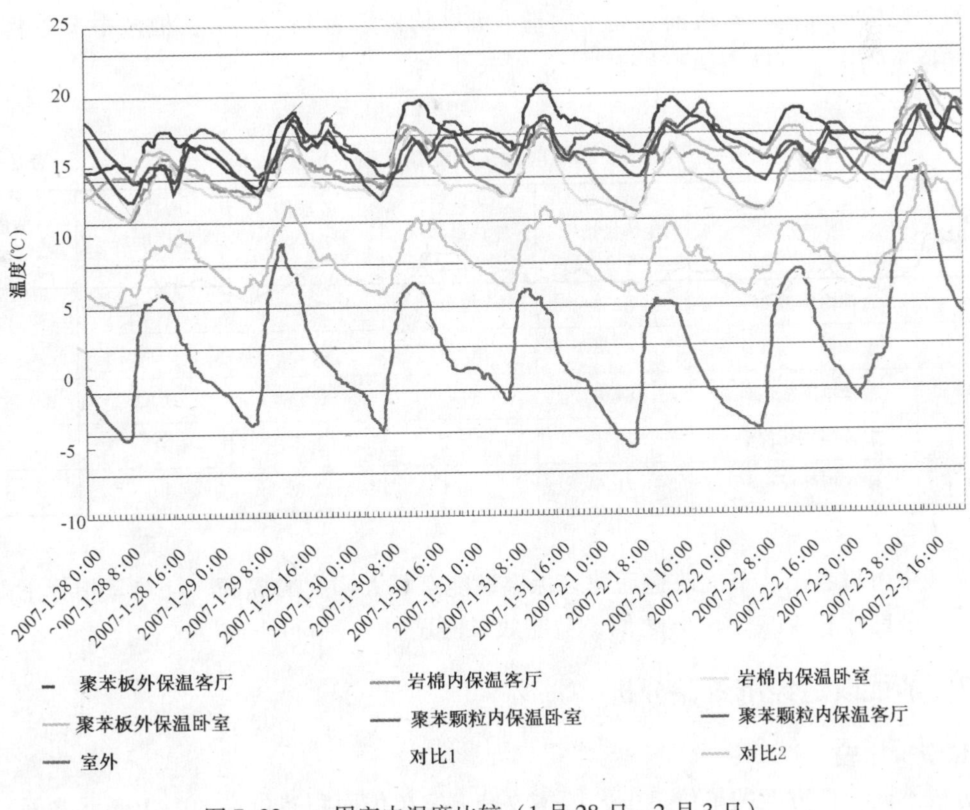

图 7-22 一周室内温度比较（1 月 28 日 ~2 月 3 日）

（3）采暖耗煤量对比

项目组对改造农户 2006 年和 2007 年采暖季进行的统计表明，经建筑节能改造后农户采暖耗煤量均有明显下降，平均比2006年度低1/3左右（图7-23）。

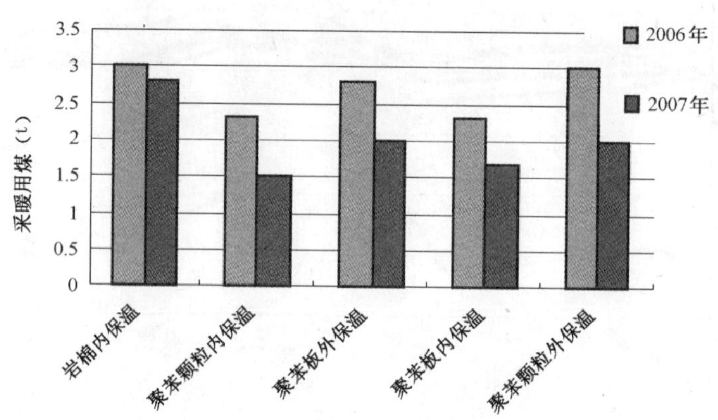

图7-23 改造前后采暖用煤比较

（4）改造前后热负荷对比和节能率

为了与实际测试效果互为验证，项目组采用清华大学研发的Dest软件进行改造前和改造后的能耗模拟分析。改造前、后室内基准温度均设定为14～16℃，模拟中未考虑冷风渗透对耗热量的影响。模拟结果如表7-10所示。

改造前后采暖能耗比较 **表7-10**

模拟对象	改造方案	改造前耗热量指标（W/m^2）	改造后耗热量指标（W/m^2）	改造前耗标准煤（t）	改造后耗标准煤（t）	节能率（%）
1	岩棉内保温	61.8	29.8	3.2	1.55	52
2	聚苯颗粒内保温	69.4	37.9	4.15	2	45
3	聚苯草芥板内保温	84.8	39.6	1.75	0.82	53
4	聚苯颗粒外保温	42.1	17.1	2.4	1	59
5	聚苯板外保温	41.6	16.4	2.8	1.1	61

从表中可以看出，节能改造后建筑保温性能有了大幅度的提高，耗热量指标下降了一半左右，节能率在45%～61%之间，节能效果明显。

7.5.2 节能改造经济效益分析

1. 单位造价比较

分析不同改造方案的单位造价，墙体改造方案单位面积造价在80～105元之间。外保温体系单位面积造价高于内保温体系15～25元。其中聚苯草芥板的造价最高，而保温效果相对其他方案没有显著提高，因此除在特定的原材料丰富区外，该项目中未予采用。改造成本由材料、人工、管理和一些工程杂项构成，其中材料成本在各种保温改造方案中都占一半以上。人工费用在25～35元之间，岩棉内保温由于施工相对简单，人工成本最低。胶粉聚苯颗粒和聚苯板保温体系由于施工复杂，面层也需要特别处理，因此人工成本相对较高。管理费用方面大致在10～15元之间，由于农村保温施工比较分散并有许多不确定因素造成管理成本相对较高。不同改造方案的造价如表7-11所示。

不同改造方案的造价　　表7-11

改造方案	单价（元）	单价构成			
		材料费用（元）	人工费用（元）	管理费用（元）	其他费用（元）
岩棉内保温	78.49	41.46	25	12	0.03
聚苯颗粒内保温	89.83	44.78	30	15	0.05
聚苯草芥板内保温	123.82	91.8	22	10	0.02
聚苯颗粒外保温	104.72	54.67	35	15	0.05
聚苯板外保温	105.56	57.53	33	15	0.03

总体而言，各节能改造方案中，材料费用占到总体投资的大部分。人工费用相对不高，以目前北京郊区农村的经济发展水平而言，该项成本能够被有节能改造需求的农民所接受。项目组还对农民进行了技术指导，鼓励农民自行施工，则人工费用还会有所降低，使总造价进一步降低。因此本课题所采用的方案是适合北京农村的经济发展状况和节能需求的。

各改造方案的单位面积造价明细如表7-12～表7-17所示。

5cm岩棉外墙内保温方案单位造价　　表7-12

材料名称	材料费用			
	单位	单位面积用量	单价（元）	小计（元）
粘接砂浆	kg	4.2	1.10	4.62
聚苯板	m^2	0.42	17.50	7.35
岩棉板	m^2	0.63	13.00	8.19
纸面石膏板	张	0.29	30.00	8.70
腻子	kg	1.2	1.50	1.80
涂料	kg	0.6	18.00	10.80
合计				41.46
人工费用				
人工单价	元			25
其他费用				
水、电等费用	元			0.03
管理费				
管理费单价	元			12
总计				78.49

注：1. 人工单价中包含了机、器具费用。
2. 单价中包括装饰面层材料及施工的相关费用。

木龙骨5cm岩棉外墙内保温方案单位造价　表7-13

材料名称	材料费用			
	单位	单位面积用量	单价（元）	小计（元）
木材	方	0.006	2200	13.2
岩棉板	方	0.0444	152	6.75
石膏板	块	0.29	30	8.7
腻子	kg	1.2	1.50	1.80
涂料	kg	0.6	18.00	10.80
合计				41.25
人工费用				
人工单价	元			25
其他费用				
水、电等费用	元			0.03
管理费				
管理费单价	元			12
总计				78.28

注：1. 人工单价中包含了机、器具费用。
2. 单价中包括装饰面层材料及施工的相关费用。

胶粉聚苯颗粒保温浆料外墙内保温方案单位造价　表7-14

材料名称	材料费用			
	单位	单位面积用量	单价（元）	小计（元）
界面剂母料	kg	0.2	5.80	1.16
水泥	kg	0.2	0.31	0.06
砂子	kg	0.3	0.06	0.02
胶粉料	kg	8.2	1.35	11.05
聚苯颗粒	袋	0.46	12.00	5.52
抹面母料	kg	1.3	5.80	7.54
水泥	kg	1.14	0.31	0.35
砂子	kg	2.86	0.06	0.17
网格布	m^2	1.2	3.00	3.60
腻子	kg	1.2	1.50	3.30
涂料	kg	0.6	18.00	12.00
合计				44.78
人工费用				
人工单价	元			30
其他费用				
水、电等费用	元			0.05
管理费				
管理费单价	元			15
总计				89.83

注：1. 人工单价中包含了机、器具费用。
2. 单价中包括装饰面层材料及施工的相关费用。

5cm 聚苯草芥板外墙内保温方案单位造价　表 7-15

材 料 名 称	材 料 费 用			
	单 位	单位面积用量	单 价（元）	小 计（元）
聚苯草芥板	m^2	1	75	75
膨胀螺栓	个	7	0.6	4.2
腻 子	kg	1.2	1.50	1.80
涂 料	kg	0.6	18.00	10.80
合 计				91.8
人 工 费 用				
人工单价	元			22
其 他 费 用				
水、电等费用	元			0.02
管 理 费				
管理费单价	元			10
总 计				123.82

注：1. 人工单价中包含了机、器具费用。
2. 单价中包括装饰面层材料及施工的相关费用。

胶粉聚苯颗粒保温浆料外墙外保温单位造价　表 7-16

材 料 名 称	材 料 费 用			
	单 位	单位面积用量	单 价（元）	小 计（元）
界面剂母料	kg	0.2	5.80	1.16
水 泥	kg	0.2	0.31	0.06
砂 子	kg	0.3	0.06	0.02
胶粉料	kg	8.2	1.35	11.05
聚苯颗粒	袋	0.46	12.00	5.52
抹面母料	kg	1.95	5.80	11.31
水 泥	kg	1.71	0.31	0.53
砂 子	kg	4.29	0.06	0.26
网格布	m^2	1.65	3.00	4.95
腻 子	kg	1.2	3.00	3.60
涂 料	kg	0.9	18.00	16.20
合 计				54.67
人 工 费 用				
人工单价	元			35
其 他 费 用				
水、电等费用	元			0.05
管 理 费				
管理费单价	元			15
总 计				104.72

注：1. 人工单价中包含了机、器具费用。
2. 单价中包括装饰面层材料及施工的相关费用。

5cm 聚苯板外墙外保温方案单位造价 表 7-17

材料名称	材料费用			
	单位	单位面积用量	单价（元）	小计（元）
粘接砂浆干粉料	kg	2.1	1.10	2.31
聚苯板	m^2	1.05	17.50	18.38
抹面砂浆母料	kg	1.95	5.80	11.31
网格布	m^2	1.65	3.00	4.95
水泥	kg	1.71	0.31	0.53
砂子	kg	4.29	0.06	0.26
腻子	kg	1.2	3.00	3.60
涂料	kg	0.9	18.00	16.20
合计				57.53
人工费用				
人工单价	元			33
其他费用				
水、电等费用	元			0.03
管理费				
管理费单价	元			15
总计				105.56

注：1. 人工单价中包含了机、器具费用。
2. 单价中包括装饰面层材料及施工的相关费用。

2. 节能改造总体成本分析

以选取的典型示范户为例，不同改造方案的改造投资如表 7-18 所示。

不同方案改造投资比较 表 7-18

建筑面积（m^2）	外墙改造				屋顶保温			门窗保温			总计（元）
	保温方式	改造面积（m^2）	单位造价（元）	合计（元）	保温方式	面积（m^2）	合计（元）	保温方式	数量（m）	合计（元）	
96.88	岩棉内保温	74.61	78.49	5856.1	聚苯颗粒保温包	70.84	1204.3	保温窗帘	17.5	1400	8460.4
84.13	聚苯颗粒内保温	65.34	89.83	5869.5	聚苯颗粒保温包	67.44	1146.5	保温窗帘	10.3	824	7840.0
48.4	聚苯草芥板内保温	78.86	123.82	9764.4	聚苯颗粒保温包	68	1156.0	保温窗帘	8.16	652.8	11573.2
111.59	聚苯颗粒外保温	146.16	104.72	15305.9	聚苯颗粒保温包	94.7	1609.9	保温窗帘	18.54	1483.2	18399.0
96.39	聚苯板外保温	79.59	105.56	8401.5	聚苯颗粒保温层	107.57	9251.0	保温窗帘	16.67	1333.6	18986.1

注：1. 煤炭价格以市场价为准，本项目计算定价散煤为 500 元/t，煤球为 380 元/t，蜂窝煤为 0.65 元/块。
2. 保温窗帘单价为 80 元/m，保温包单价 17 元/m^2。
3. 本表格投资中包括装饰面层材料及施工的相关费用。

屋顶保温处理的两种方案中,采用聚苯颗粒保温包单位面积改造成本为 17 元/m^2,而采用胶粉聚苯颗粒保温的方式改造成本为 85 元/m^2,虽然采用胶粉聚苯颗粒外保温的方式可以有效避免热桥,但由于聚苯颗粒保温包造价低廉,也是一种值得大力推广的保温方式。

加装保温窗帘可以有效降低冷风渗透耗热量和夜间的辐射换热损失，保温窗帘每米单价 80 元，较更换质量满足要求的 PVC 塑料窗相比价格相对便宜。更换质量满足要求的 PVC 塑料窗，可以从根本上解决农宅门窗散热损失严重的问题，但是其造价相对较高。示范项目采用的门窗每平方米单价在 200 元左右，如果没有政府补贴，农民自发推广会有一定困难。

北京典型农宅采用岩棉、聚苯板或胶粉聚苯颗粒，屋顶铺设保温包，加装保温窗帘的改造总体成本在 8000～10000 元左右。示范项目采用政府补贴保温材料，农民自己组织施工的模式，农民易于接受，有利于推广。

7.6　探索农宅节能改造工作推进的新模式

近几年来，在国家“三农”政策的扶持下，农民的收入和生活水平有了较大的提高。但是对于农民家庭来说，其收入与住宅建设的一次性投入相比，相对还是较低的。而且，政府目前财力有限，难以对农村地区的建筑节能改造工作提供全部资金支持。农村住宅节能改造建设，尤其是自发的村民建设在近期还将以乡村建设队伍为主，技术水平也难以有大幅度提高。因此，为了在农村地区大规模推广建筑节能改造技术，需要探索适合农村建筑节能改造的新模式。

农村建筑节能的工作目标是让农民自己认识到农村建筑节能的重要性，愿意为节能建筑多做资金投入，并在日后的使用过程中逐渐收回投入并获得更多的收益。因此，要结合各地农村的特点和经济发展状况，让农民看到实实在在的好处和效果，充分调动起积极性，才能促进农村建筑节能的进一步发展和普及。通过进一步的推广和普及，不仅能提高农民的节能意识，而且能够有效地解决农村的能源问题，切实提高农民生活水平。

针对北京市农村建筑节能的实际情况，对部分经济条件较好的村庄可以进行节能新农宅的建设；而对于更大范围的经济条件一般的农村地区，应认真贯彻中共中央国务院下发的《关于推进社会主义新农村建设的若干意见》中强调的节约原则，充分立足现有基础进行房屋和设施改造、防止大拆大建和加重农民负担的工作精神，重点关注既有建筑的节能改造，立足于为农民提供经济成本低、节能效果好的节能保温技术。

根据示范项目实施情况表明，既有农宅的节能改造投入费用约为每户 7000～10000 元之间。本项目节能改造示范中采用免费提供保温材料的方式，每户仅出资约 2000 元的施工费用，农民完全可以承受。而且农村既有建筑节能改造效果好，技术比较简单，可以通过培育农村自己的施工队伍进行施工。对于农村地区，既有农宅节能改造是一种很好的解决农村建筑用能问题的新模式。

参考文献

[1]“十一五”国家科技支撑计划《华北村镇住宅抗震技术研究》课题研究报告，2011.